ABITUR-WISSEN ERDKUNDE

Büttner • Müller • Raab

Entwicklungsländer

STARK

Dieser Band wurde nach der neuen Rechtschreibung abgefasst.

ISBN: 3-89449-423-9

D-85318 Freising · Postfach 1852 · Tel. (0 81 61) 1790

Inhalt

Fortsetzung nächste Seite

Fortsetzung nächste Seite

Vorwort

Liebe Schülerinnen und Schüler,

mehr als drei Viertel der Staaten unserer Erde zählen zu den Entwicklungsländern. Dort leben rund 4,5 Mrd. Menschen, also etwa vier Fünftel der Weltbevölkerung. Der Anteil der Entwicklungsländer am weltweiten Bruttosozialprodukt beträgt jedoch weniger als ein Fünftel. Dennoch stellen diese Länder keine geschlossene Gruppe dar, denn ihr wirtschaftliches Niveau hat sich in den letzten Jahrzehnten sehr unterschiedlich entwickelt. So sind z. B. die vier „kleinen Tiger" Hongkong, Singapur, Südkorea und Taiwan wirtschaftlich höchst erfolgreich wohingegen Länder wie Tansania, Zaire oder Liberia zu den „am wenigsten entwickelten Ländern" der Erde gehören.

Der vorliegende Band geht bei der Betrachtung der **Dritten Welt** von gemeinsamen naturräumlichen Grundelementen und Strukturen sowie den unterschiedlichen Nutzungspotenzialen in den jeweiligen Teilräumen der Tropen und Subtropen aus. **Ökologische Fragestellungen** erhalten hierbei ein besonderes Gewicht. Eingehend werden die Ursachen und Folgen des anhaltenden **Bevölkerungswachstums** und die Möglichkeiten einer gezielten Bevölkerungspolitik dargelegt. Die vielfältigen Versuche zur Modernisierung der Wirtschaft der Entwicklungsländer durch Industrialisierung und den Ausbau des tertiären Sektors werden an ausgewählten **Raumbeispielen** aus **Lateinamerika**, **Afrika** und **Süd-/Ostasien** aufgezeigt. Die Rolle der Dritte Welt-Länder im Rahmen der Globalisierung und die unterschiedlichen Strategien zur Entwicklung zeigen die Notwendigkeit internationaler Zusammenarbeit zur Überwindung der Unterentwicklung in diesen Staaten auf.

Wir wünschen Ihnen viel Erfolg bei der Arbeit mit diesem Buch!

Wilfried Büttner — H. G. Müller — H.-D. Raab

Einführung und Begriffe

„Entwicklung ist mehr als der Übergang von Arm zu Reich, von einer traditionellen Agrarwirtschaft zu einer komplexen Stadtgemeinschaft. Sie trägt in sich nicht nur die Idee des materiellen Wohlstands, sondern auch die von mehr menschlicher Würde, mehr Sicherheit, Gerechtigkeit und Gleichheit.“[1]

Die Abhandlung des Themenbereichs „Entwicklungsländer und die Ursachen ihrer wirtschaftlichen Situation“ erfordert zunächst eine Klärung der Begriffe. Dabei wird deutlich, dass statt einer eindeutigen Definition lediglich eine Eingrenzung des Begriffes „Entwicklungsland“ erfolgen kann.

Für die im Vergleich zu den Industrieländern „armen“ Länder, die sich durch ausgewählte Indikatoren aus **Wirtschaft, Demographie, Politik** und dem **soziokulturellen** Bereich abgrenzen lassen, sind die Begriffe „Entwicklungsländer“, „Dritte Welt“ oder „Süden“ gebräuchlich. Der Begriff **Entwicklungsländer** hat die früher verwendeten Bezeichnungen „rückständige“, „unterentwickelte“ oder „nicht-entwickelte Länder“ ersetzt, die eine zu starke Wertung beinhalteten. Aber auch Entwicklungsländer unterstellt in einer optimistischen Sichtweise, dass sich diese Länder tatsächlich entwickeln. Anzumerken ist, dass auch die Bezeichnung Industrieländer nicht den aktuellen Stand wiedergibt, da die reichen Staaten der Erde heute überwiegend vom Dienstleistungssektor geprägt werden.

Die Begriffsbildung **Dritte Welt** ist zurückzuführen auf die heute historische Einteilung in Erste Welt (westliche Industriestaaten) und Zweite Welt (östliche Industriestaaten) und die jüngste Staatengruppe der Dritten Welt, deren Eigenstaatlichkeit und nationale Unabhängigkeit Ergebnis der Auflösung der großen Kolonialreiche in den 50er- und 60er-Jahren sowie des Endes der Sowjetunion war. Da diese Dritte Welt aber keine einheitliche Staatengruppe mit gleichen oder vergleichbaren wirtschaftlichen oder sozialen Strukturen und Problemen war, versuchten verschiedene Autoren eine Dreiteilung dieser Ländergruppe in die so genannten **Schwellenländer**, die auf dem „Sprung“ zum

1 Definition des Begriffs Entwicklung 1977 durch die „Unabhängige Kommission für internationale Entwicklungsfragen“ (Nord-Süd-Kommission), eingesetzt unter Willy Brandt.

Industrieland sind, die Entwicklungsländer mit positiven Ansätzen zur Entwicklung **(Vierte Welt)** und die am wenigsten entwickelten Länder, die ärmsten Länder **(Fünfte Welt)**.

Das heute vielfach gebrauchte Synonym **„der Süden“** ist ebenfalls problematisch, da u.a. auch die wohlhabenden Staaten Neuseeland und Australien südlich des Äquators liegen und andererseits mit der Zuordnung Süden eine keineswegs stichhaltige Ursachenzuordnung mit der Lage auf der Südhalbkugel in Verbindung gebracht wird.

Der Begriff Entwicklungsländer führt zu der inhaltlichen Frage, was unter Entwicklung zu verstehen ist. Die früher selbstverständliche Annahme, dass das Ziel nur eine **nachholende Entwicklung** nach dem Modell der reichen Industrieländer sein kann, ist heute heftig umstritten. Können überhaupt alle Staaten der Erde diese Entwicklung vollbringen und ist dieses Ziel erstrebenswert oder würde dies den endgültigen ökologischen Kollaps auf dem Planeten Erde zur Folge haben? Viele Politiker in den Entwicklungsländern betrachten diese Fragestellung mit Misstrauen, da sie sie als Versuch werten, die Privilegien und den Reichtum der Industrieländer durch einen Verzicht auf Wachstum in den Entwicklungsländern zu bewahren.

Seit den 60er-Jahren wurden im Rahmen der internationalen Entwicklungspolitik verschiedene Entwicklungsstrategien bzw. -theorien erarbeitet. Bis in die 70er-Jahre zielten die so genannten **Modernisierungstheorien** vorrangig auf wirtschaftliches Wachstum in den Entwicklungsländern ab, angestoßen durch externe Impulse des Weltmarktes. Den Modernisierungstheorien setzten Kritiker die **Dependenztheorien** entgegen, sie beschreiben die Koppelung der Unterentwicklung in Entwicklungsländern an die Hochentwicklung in Industrieländern. Demnach hat die politische Abhängigkeit einer wirtschaftlichen Platz gemacht. Vertreter der autozentrierten Entwicklung sehen deshalb in der vorübergehenden Abkoppelung vom Weltmarkt in ausgewählten Sektoren die Chance für eine unabhängige Entwicklung der Entwicklungsländer. Ziel ist es, einen soliden Binnenmarkt für die Befriedigung der Grundbedürfnisse der Bevölkerung aufzubauen.

Die Indikatoren zur Einschätzung des Entwicklungsstandes eines Landes, die Klassifizierung der Entwicklungsländer sowie Lösungsansätze zur Überwindung der Unterentwicklung werden in einem gesonderten Kapitel ausführlich behandelt.

Naturräumliches Potenzial der Tropen und Subtropen

1 Die Planetarische Zirkulation

Die Sonneneinstrahlung ist der bestimmende Faktor für das Leben auf der Erde. An der Obergrenze der Atmosphäre ist die auftreffende Einstrahlung zwar überall gleich, aber aus der Kugelgestalt des Erdkörpers und der Neigung der Erdachse um 23,5° (Schiefe der Ekliptik) resultieren unterschiedliche Einfallswinkel der Sonne. In der **globalen Strahlungsbilanz** ergeben sich damit erhebliche Unterschiede. So stellen die Polarregionen mit einem ganzjährig flachen Einfallswinkel Defizitgebiete der Einstrahlung dar, während es in der Zone zwischen den Wendekreisen aufgrund eines ganzjährig steilen Einfallswinkels der Sonne zu einem Strahlungsüberschuss kommt. Dieses Gebiet, in dem die Sonne mindestens einmal im Jahr senkrecht über der Erdoberfläche steht, wird in mathematisch-physikalischer Hinsicht als Tropen definiert.

Nord-Süd-Profil der Jahressummen der Globalstrahlung

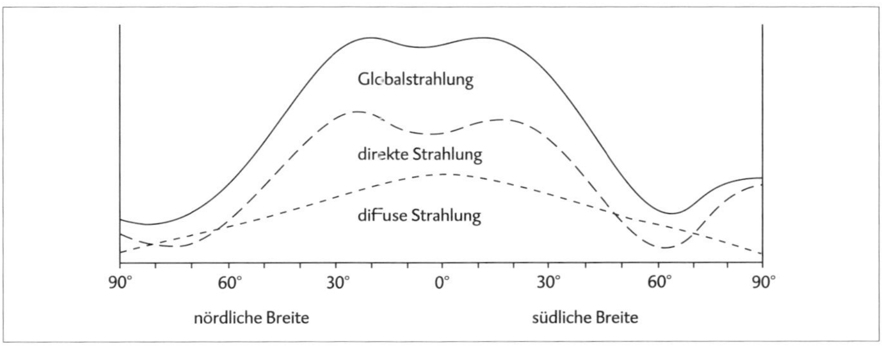

Die Unterschiede in der Einstrahlung halten wie ein überdimensionales Schwungrad den großräumigen Energieaustausch in Ozeanen und Atmosphäre in Bewegung. Sie sind die Ursache für die Herausbildung der Luftdruckverhältnisse auf der Erde und bilden die Grundlage der **atmosphärischen Zirkulation**.

Horizontaler und vertikaler Wärmetransport

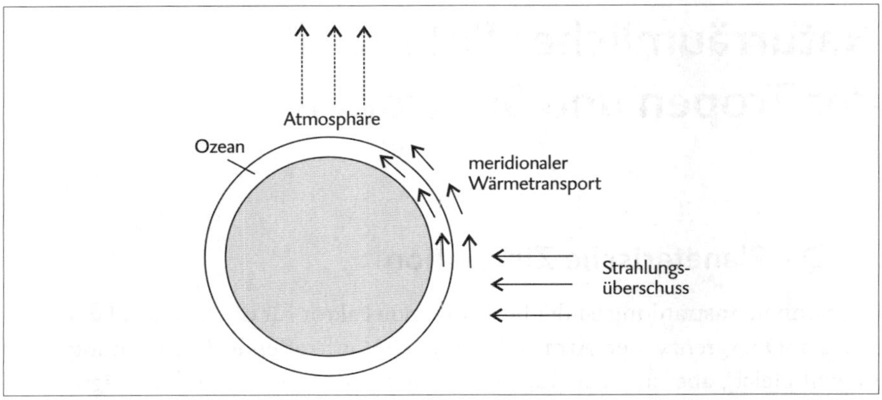

Der Einstrahlungsüberschuss im Bereich der Tropen führt zu hoher Verdunstung und zum Aufstieg feuchtwarmer Luftmassen in Äquatornähe. Ein beständiges Massendefizit am Boden ist die Folge und führt zur Ausbildung der **äquatorialen Tiefdruckrinne**. Diesem Tief in Bodennähe steht ein Hoch in der Höhe (unterhalb der Tropopause, ca. 14 bis 16 km) gegenüber, aus dem Luftmassen polwärts strömen. In den Polarregionen führt das Defizit der Einstrahlung zu Hochdruckverhältnissen am Boden. Das Absinken der kalten Luftmassen erzeugt in Bodennähe einen Massenstau, sodass die kalten Luftmassen in Richtung des Äquators abfließen. Über dem polaren Bodenhoch entsteht damit ein Tief in der Höhe, das zum Ausgleich die Luftmassen vom Äquator ansaugt.

Dieses globale Austauschsystem (kalte Polarluft strömt am Boden äquatorwärts und warme Tropikluft in der Höhe polwärts) findet in seiner Idealform jedoch nicht statt, da die unterschiedliche Ausdehnung der beteiligten Räume und die Erdrotation darauf Einfluss nehmen. Die **Corioliskraft**, als ablenkende Kraft der Erdrotation, wirkt auf alle Massenbewegungen. Sie erfahren auf der Nordhalbkugel eine Ablenkung nach rechts, auf der Südhalbkugel nach links. Auf der Nordhalbkugel erhalten damit alle Winde vom Äquator zum Pol eine Westkomponente, alle Luftströmungen vom Pol zum Äquator eine Ostkomponente.

Aus der Luftdruckverteilung auf der Erde und dem Einfluss der Erdrotation resultieren folgende globale Zirkulationssysteme bzw. Windgürtel:

- die polare Ostwindzirkulation,
- die außertropische Westwindzirkulation,
- die tropische Passatzirkulation (Hadley-Zirkulation),
- die tropische Monsunzirkulation,
- die äquatoriale Zonal-Zirkulation (Walker-Zirkulation).

Die planetarischen Luftdruckgürtel und die daraus resultierenden Windsysteme

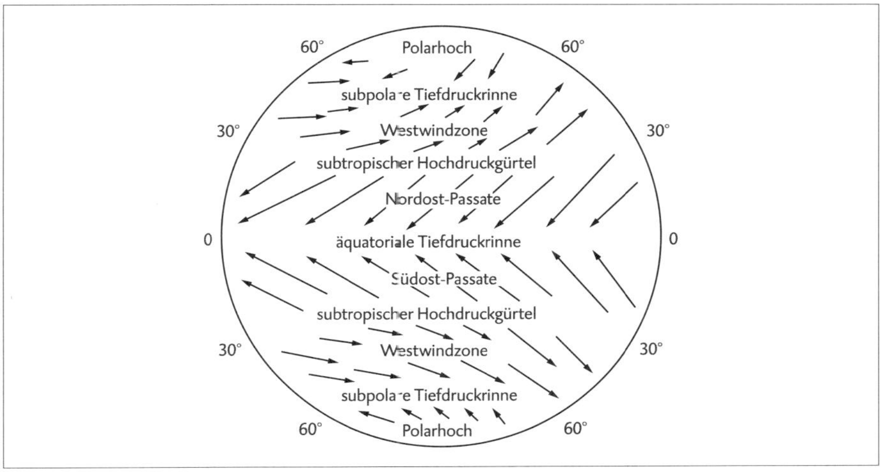

Für den meridionalen Wärmetransport lassen sich damit im Wesentlichen drei Zirkulationsglieder unterscheiden: die polaren Hadleyzellen, die Ferrel-Zellen in den gemäßigten Breiten und die tropischen Hadleyzellen (Passatzirkulation) im Bereich zwischen den Wendekreisen.

Die meridionalen und vertikalen Luftbewegungen auf der Nordhalbkugel im Winter

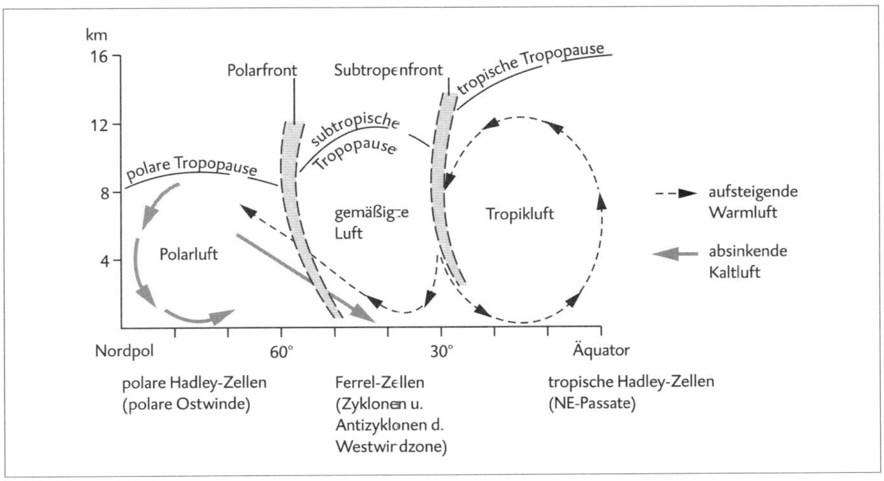

1.1 Die Passatzirkulation

Im Bereich der äquatorialen Tiefdruckrinne kühlen die Luftmassen während ihres Aufstiegs ab, es kommt zu Kondensation und zur Bildung mächtiger, hochreichender Cumulonimbuswolken, die ganze Wolkenfelder von mehreren 100 km Durchmesser umfassen können. Diese entladen sich vorwiegend am Nachmittag und in den Nachtstunden in heftigen Regengüssen.

In den tropischen Hadley-Zellen strömt warme Tropikluft in der Höhe (14 bis 16 km) polwärts. In Breiten zwischen 20° und 30° sinken die Luftmassen unter Erwärmung großräumig ab und es bilden sich kräftige, wolkenfreie Hochdruckgebiete (subtropisch-randtropischer Hochdruckgürtel). Diese werden gelegentlich auch Passatwurzeln genannt, sie sind die Ursache für die **Wendekreiswüsten**. Die Absinkzone der Luftmassen wird als **Passat-Oberschicht** bezeichnet.

Die aus den Hochdruckzellen radial ausströmenden Luftmassen speisen sowohl die Passat- als auch die Westwinde. Die Nordostpassate (Nordhalbkugel) und Südostpassate (Südhalbkugel) wehen besonders über dem Meer sehr richtungsbeständig in die äquatoriale Tiefdruckrinne, treffen dort aufeinander und bilden die **innertropische Konvergenzzone (ITC)**. Damit schließt sich der vertikale Kreislauf der Hadley-Zelle.

Die tropische Passatzirkulation einer Halbkugel mit der jahreszeitlichen Verlagerung der Zirkulationsglieder

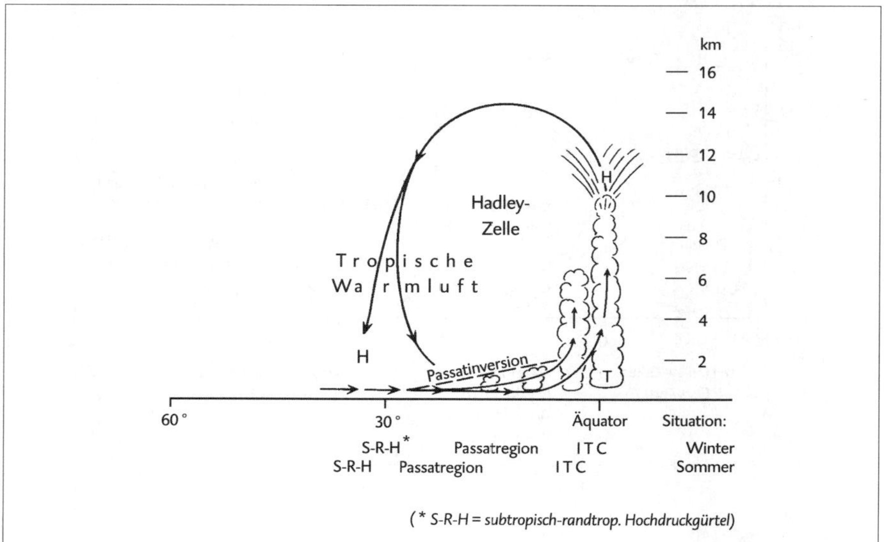

Die Passatzirkulation in der Hadley-Zelle ist vertikal geschichtet. In der **Passat-Grundschicht** in Bodennähe kommt es durch starke Aufheizung der Erdoberfläche in den Trockengebieten zu turbulentem Aufstieg und Abkühlung in einzelnen Konvektionszellen, die aber nicht zu Niederschlägen neigen. Dies verhindert die bereits angesprochene Absinkbewegung mit Erwärmung in der **Passat-Oberschicht**, die zur **Passat-Inversion** führt. Einzelne Schönwetterwolken können sich zwar bilden, wenn das Kondensationsniveau in ca. 1 000 m Höhe überschritten ist, aber ein weiterer Aufstieg und eine stärkere Abkühlung (nötig für Niederschläge) werden durch die Inversionsschicht verhindert. Erst in der Nähe der ITC schwächt sich diese ab und kann durchbrochen werden, sodass es zu Konvektionsniederschlägen, den sogenannten **Zenitalregen**, kommt.

Die Innertropische Konvergenz ist ebenfalls über den Meeren idealtypisch ausgeprägt. In einer etwa 100 km breiten Zone wehen nur schwache westliche oder umlaufende Winde. Im Bereich der subtropischen Hochdruckzellen, auch Rossbreiten (etwa zwischen 30–40° N und S) genannt, herrschen Windstille (Kalmen) und schwache Winde vor. Diese Gegebenheiten bergen besonders für die Segelschiffahrt große Risiken.

Mit der jahreszeitlichen Verlagerung der innertropischen Konvergenzzone (ITC), die dem jeweiligen Sonnenhöchststand mit einer mehrwöchigen Verzögerung folgt, verschieben sich auch die Windgürtel.

1.2 Sonderphänomene innerhalb der Passatzirkulation

Die Monsunzirkulation

Monsunphänomene bezeichnen **Windströmungen**, die **jahreszeitlich ihre Richtung ändern**. Sie sind über dem indischen Subkontinent am kräftigsten ausgeprägt aber keineswegs auf diesen Raum beschränkt. Ihre Ursachen liegen in der starken Aufheizung der randtropischen kontinentalen Trockengebiete im jeweiligen Sommerhalbjahr und der dadurch ausgelösten Verschiebung der ITC. Die großen Landflächen nördlich des Äquators geben in dieser Zeit sehr viel Wärme ab. So entstehen kräftige großräumig ausgebildete thermische Tiefdruckzellen über Nordwest-Indien, Nordafrika, Mittelamerika und Nord-Australien. Wegen der deutlich geringeren Landoberfläche sind Monsune auf der südlichen Halbkugel viel schwächer ausgebildet.

Die einschlägigen Atlaskarten zeigen die Verschiebung der ITC mit dem Sonnenhöchststand.

Die extrem starke Sogkraft speziell des Tiefdrucks über NW-Indien und Tibet führt zu einer Verlagerung von Luftmassen des Südostpassates von der südlichen Halbkugel über den Äquator hinweg nach Norden. Diese geraten in den Einflussbereich der Corioliskraft, werden nach rechts abgelenkt und wehen als **Südwestmonsun** auf das südasiatische Festland. Über der Arabischen See und dem Golf von Bengalen nimmt der Monsun große Mengen an Wasserdampf auf und entlädt diese als Steigungsregen besonders an den orographischen Hindernissen quer zur Windrichtung, an den West-Ghats, den Vorgebirgen und Hängen des Himalaya.

Im Winter herrscht der normale Nordostpassat vor, der dem größten Teil Indiens nur trockene, erwärmte Fallwinde aus dem extremen Kältehoch über Nordost-Sibirien bringt. Nur die Luvseite der Ost-Ghats erhält Niederschläge, weil der Passat über dem Golf von Bengalen genügend Feuchtigkeit aufnehmen kann.

Exkurs: Der Monsun in Indien und seine landwirtschaftliche Wirksamkeit

Regionale Verteilung der Niederschläge:

SW	Malabarküste	25 % der Jahresniederschläge fallen im Vormonsun (April/Mai)
NO	Assam + Teile von Bangladesh	
SO	Koromandelküste	Hauptniederschläge Oktober–Dezember
„Rest"-Indien (9/10 der Gesamtfläche)		SW-Monsun ausschlaggebend (80 % der Niederschläge)

Kennzeichen des Monsuns:

1. Stoßweises Vordringen nach Norden: Durchschnittlicher Beginn: 20. Mai Kerala/ 6. Juni Hyderabad/25. Juni Agra/1. Juli Punjab.
2. Während dieser Zeit fallen deutlich mehr als 80 % des Jahresniederschlags.
3. Die hohen Temperaturen ergeben hohe Verdunstungsraten: ⇒ je kürzer die Regenperiode, desto höher müssen die Niederschläge sein (> 1 500 mm/Jahr), um ganzjährig Regenfeldbau zu ermöglichen.
4. Hohe Variabilität: Starke Schwankungen der Niederschlagshöhe von Jahr zu Jahr.
5. Monatsschwankungen: Abweichungen vom langjährigen Monatsmittel treten besonders stark auf während Anfang und Ende der Monsunperiode.
6. Tagesschwankungen: Die Wanderung der Konvektionszellen innerhalb der ITC erfolgt nicht kontinuierlich. Vorstoß und Rückzug können täglich wechseln und Distanzen von mehreren 100 km ausmachen.
7. Unregelmäßiger Beginn der Regenzeit: Sie setzt selten früher ein, häufig später, z. B. in Hyderabad häufig erst gegen Ende Juni.

8. Zahl der Regentage: Je größer der Abstand zwischen den Regentagen, desto risikoreicher ist das für die Landwirtschaft, auch wenn einzelne Niederschlagsmengen sehr hoch sind.

Landwirtschaftliche Wirksamkeit des Monsuns:
Entscheidend sind nicht die absolute Höhe der Niederschläge, sondern Beginn, Pünktlichkeit, Ergiebigkeit, Monatsschwankungen, Tagesschwankungen und die rechtzeitige Folge von Regentagen.

Küstenwüsten

Eine Besonderheit im Bereich der tropischen Passatzirkulation stellen die Küstenwüsten dar. Als Beispiele wären die **Namib** in Namibia und die **Atacama** in Chile zu nennen. Sie zählen zu den extremsten Wüsten überhaupt und widersprechen allem, was man über maritime Klimate je gelernt hat. Sie liegen am östlichen Rand der subtropisch-tropischen Hochdruckzellen der Rossbreiten, die über dem Meer sehr stabil sind. Passatwinde aus diesen Zellen wehen küstenparallel mit einer ablandigen Tendenz. Diese Hochdruckzellen werden verstärkt durch ebenso küstenparallel verlaufende kalte Meeresströmungen aus antarktischen Gewässern, den Humboldt- und den Benguela-Strom. Die ablandigen Winde treiben das erwärmte Oberflächenwasser nach Westen und sorgen so dafür, dass kaltes Tiefenwasser nach oben steigt. Dieses kalte Wasser kühlt die darüber liegende Luftschicht ab und fördert die Absinktendenz in der Hochdruckzelle.

Die **Atacama** gilt als die **trockenste Wüste der Erde**. Sie reicht weiter nach Norden (5 ° S) als die Namib und liegt im Lee der Anden. Passatwinde aus dem Osten wehen nach Überquerung des Gebirges als trockene Fallwinde seewärts und halten das „upwelling" (den Auftrieb) kalten Tiefenwassers in Gang. Gleichzeitig erzeugen sie eine Inversion über dem Meer, die eine Bildung von Regenwolken verhindert, jedoch häufig zu großen Nebelbänken führt. Wenn das Festland sehr stark aufgeheizt wird, kann es dennoch zu einem kleinen Kreislauf kommen, einem Seewind, der den Nebel landeinwärts treibt, dessen Feuchtigkeit angepasste Pflanzen an den Hängen der Hügel nutzen können. Deshalb spricht man auch von einer **Feuchtluftwüste** mit geringen Tages- und Jahresschwankungen der Temperatur.

Im höher gelegenen Binnenland herrscht dagegen extreme Trockenheit mit hohen Tages- und Jahresschwankungen der Temperatur und äußerst seltenen Regentagen – so sind **Binnenwüsten** die trockensten Wüsten der Welt.

2 Klimazonen in den Tropen und Subtropen

Die Strahlungsmenge in den Tropen ist überall etwa gleich, doch verschieben sich die Anteile von diffuser und direkter Himmelsstrahlung. Wegen des hohen Anteils an Wasserdampf und an Aerosolen sowie der Wolkenbildung liegt in den inneren Tropen das Verhältnis bei 3 : 2; in den äußeren Tropen dagegen bei 4 : 1 (vgl. Abb. S. 2). Die thermischen Unterschiede im Jahresablauf sind gering, deshalb gibt es auch keine Jahreszeiten. Dafür sind die Temperaturschwankungen zwischen Tag und Nacht deutlich höher, weshalb man von einem **Tageszeitenklima** spricht.

Die geringen Amplituden (Temperatirschwankungen zwischen dem kältesten und dem wärmsten Monat) bleiben auch mit zunehmender Meereshöhe erhalten. Nach thermischen Kriterien kann so eine hypsometrische Untergliederung in **Warmtropen** (heiße und warme Tieflandtropen) und **Kalttropen** (kühle und kalte Hochlandtropen) vorgenommen werden.

Tropisches Bali

Die Warmtropen können sowohl gegen die Kalttropen als auch gegen die im Norden und Süden angrenzenden Subtropen durch die absolute Frostgrenze abgegrenzt werden, da warmtropische Pflanzen keine Frostresistenz besitzen.

Jahresamplituden der Temperatur (T)

innere Tropen:	1–5 °C	maritime Subtropen:	10 °C
äußere Tropen:	5–10 °C	aride Subtropen:	10–20 °C
Randtropen:	10–12 °C		

Die entscheidende Differenzierung erfolgt aber nach hygrischen Gesichtspunkten, nach dem Wechsel zwischen Regen- und Trockenzeit. Die Spannbreite reicht hier von ganzjähriger Humidität in den **Feuchttropen** (auch Kerntropen genannt) zu ganzjähriger Aridität in den **Trockentropen** (Randtropen):

- in den feuchten Tropen ist der Niederschlag (N) immer höher als die potenzielle Verdunstung (pV), es gilt N > pV, in den perhumiden (extrem-feuchten) Tropen N >> V,
- die klimatische Trockengrenze liegt bei N = pV,
- in den ariden Tropen gilt N < pV,
- in der Wüste 30N < pV.

Saisonale Niederschlagsverteilung über Ostafrika

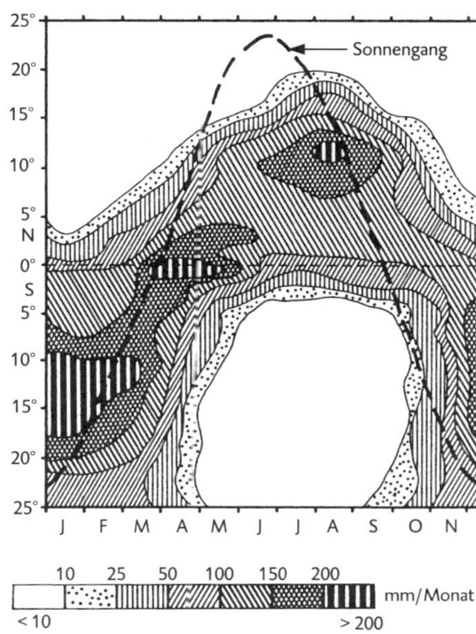

2.1 Immerfeuchte innere Tropen (8° N – 8° S)

Diese Zone liegt beständig im Einflussbereich der innertropischen Konvergenzzone ITC, in der die Passate beider Halbkugeln aufeinander treffen. Ganzjährig hohe Einstrahlung bedingt hohe Verdunstung und eine Aufwärtsbewegung wasserdampfreicher Luftmassen, die schließlich zu konvektiven Niederschlägen, den Mittagsregen, führt, die im Jahresverlauf von den Zenitalregen überlagert werden.

2.2 Wechsel- oder sommerfeuchte äußere Tropen (8–18° N, 8–22° S)

Mit der Verlagerung des Sonnenhöchststandes Richtung Wendekreise verschieben sich die ITC und die damit verknüpften Zenitalregen mit einer mehrwöchigen Verzögerung. Am Äquator liegen die Regenmaxima im April und im Oktober. Je weiter wir der Sonne nach Norden folgen, desto enger rücken die Maxima aufeinander zu, bis sie in den Trockentropen zu einem einzigen Maximum verschmelzen, dessen Höhe mit zunehmender Entfernung vom Äquator abnimmt.

2.3 Subtropisch-randtropische Trockenzone (18–35° N, 22–32° S)

Nach der witterungsklimatischen Definition liegen die Tropen ganzjährig im Einflussbereich der Passatzone. Die Subtropen geraten nur während der Sommermonate unter den Einfluss der Hochdruckzellen der Passatwurzeln, im Winter dagegen wandert die Westwindzone weit nach Süden bzw. Norden und bringt die für mediterrane Winterregengebiete typischen Niederschläge. Die jahreszeitliche Verteilung der Niederschläge dient auch zur Abgrenzung subtropischer und randtropischer Trockengebiete, denn in den Randtropen fallen die geringen Niederschläge während der Sommermonate.

Klimasequenz der Tropenzone

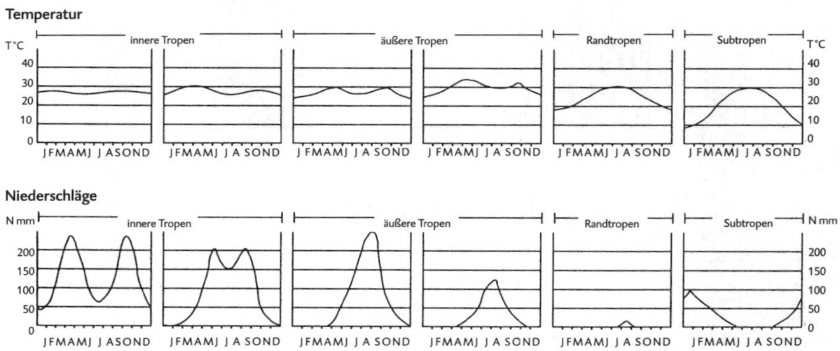

2.4 Die Zwitterstellung der Subtropen

Winterregensubtropen (Westseitenklimate: 35–42° N, 32–40° S)
Sommerregensubtropen (Ostseitenklimate: 30–45° N, 25–40° S)

Während die Tropen ganzjährig im Einflussbereich der Passatströmung bleiben, geraten die Subtropen abwechselnd in den Einflussbereich zweier Windgürtel: in den Sommermonaten dominiert die Passat-, in den Wintermonaten die Westwindzirkulation.

Es treten jedoch deutliche Unterschiede zwischen den Westseiten und den Ostseiten der Kontinente auf. **Westseitenklimate** (oder **mediterrane** Klimate) sind gekennzeichnet durch sommerliche Trockenheit. Diese entsteht dadurch, dass sich die Hochdruckzellen der Passatwurzeln nach Norden (bzw. Süden) verschieben und Einfluss gewinnen. Im Winter dringen zyklonale Störungen innerhalb der Westwindzone nach Süden (bzw. Norden) vor und bringen teils ergiebige **Winterregen** (Beispielregionen sind das südliche Kalifornien und der Nordwesten Mexikos, das Mittelmeergebiet, der Süden Chiles und Südafrikas).

Ostseitenklimate wie in Ostasien sind Folgeerscheinungen der extremen Aufheizung der westlich angrenzenden großen Kontinentmassen im Sommer. In den kontinentalen Zentralräumen entstehen extreme Tiefdruckgebiete, die einen immensen Sog ausüben und so den Nordostpassat umlenken können, sodass er als **Südostmonsun** auf das Festland aufweht und an orographischen Hindernissen hohe bis sehr hohe **Sommerregen** bringt. Im Winter geraten diese Räume unter den Einfluss kontinentaler Kältehochs (z. B. das Sibirien-Hoch), aus denen sehr kalte und trockene Luftmassen als Westwinde Richtung Ozean fließen; daneben bringt die äquatorwärtige Ausbuchtung des Westwindgürtels hin und wieder Schneefall.

3 Die Fruchtbarkeit von Tropenböden

Die Fruchtbarkeit von Böden, definiert als „Versorgungszustand des Bodens mit Nährelementen“[1] hängt davon ab, ob in dem von den Pflanzenwurzeln erreichbaren Bereichen des Bodens genügend Nährstoffionen vorhanden sind. Natürliche Lieferanten solcher Ionen (z. B. von Kalium – K^+, Magnesium – Mg^{++}, Calcium – Ca^{++}) sind Tonminerale und Humuspartikel – so genannte **Ton-Humus-Komplexe**.

Tonminerale sind Schichtsilikate und entstehen durch die Verwitterung von Primärmineralen des Ausgangsgesteins (z. B. aus primären Silikaten wie Feldspat, Glimmer, Hornblende, Olivin). Sie sind als Kolloide extrem klein (< 2 µm) und liegen als Zweischicht-, Dreischicht- oder Vierschicht-Tonminerale vor. Ihre Bedeutung für die Bodenfruchtbarkeit liegt in ihrer Fähigkeit, Nährstoffionen anzulagern (zu adsorbieren) und damit zu speichern und wieder an die Bodenlösung abzugeben (zu desorbieren oder auszutauschen), wodurch sie von den Pflanzen über die Feinwurzeln aufgenommen werden können.

Humus entsteht durch den Abbau organischer Substanzen durch Destruenten im Boden. Damit Pflanzen diese Nährstoffe aufnehmen können, müssen organische Verbindungen erst mineralisiert, d. h. in anorganische umgewandelt werden. Diese Aufgabe übernehmen Pilzgeflechte im Boden, die so genannten Mykorrhizae. Der optimale Zustand eines Bodens wäre gegeben, wenn noch viele leicht verwitterbare Primärsilikate als Restminerale vorhanden wären, die dem Boden eine hohe „nachschaffende Kraft“ verleihen, und wenn der Ton-Humus-Komplex eine hohe Sorptionskapazität hätte, die abhängig ist vom pH-Wert und bei zunehmend saurer Reaktion abnimmt.

1 Vgl. Jürgen Schultz: Die Ökozonen der Erde. Verlag Eugen Ulmer, UTB ²1995, S. 44

Klimazonale Unterschiede des Verwitterungsmantels

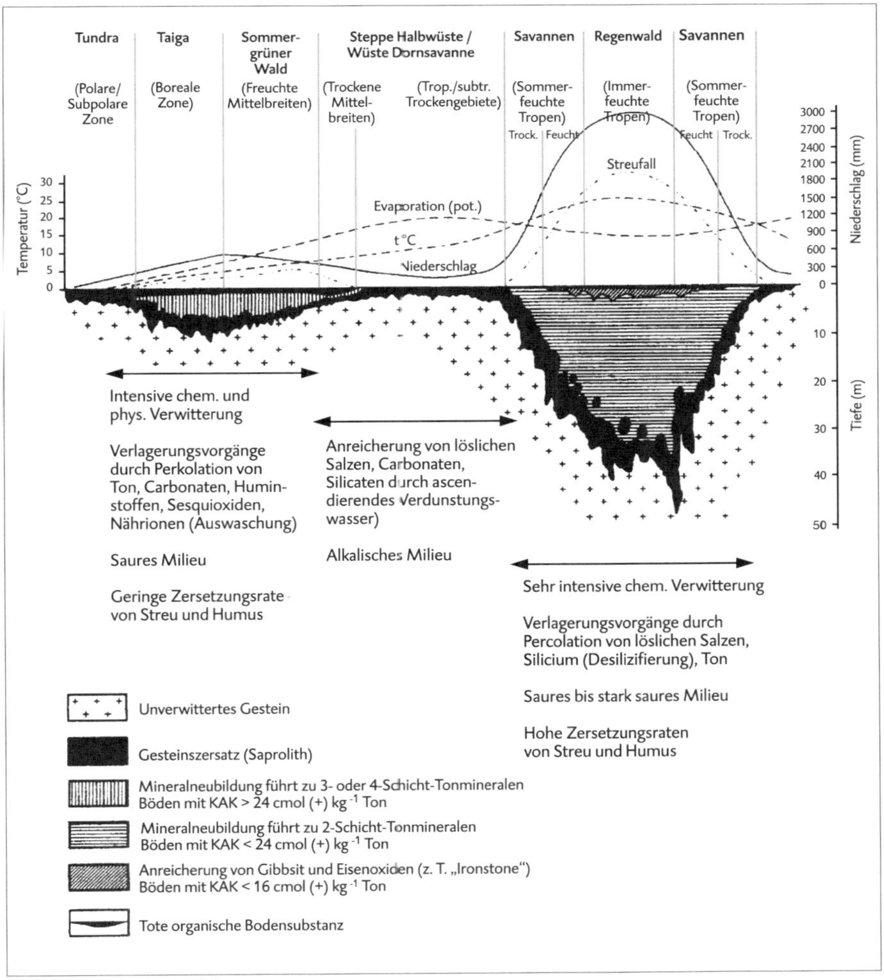

Da die wichtigsten Nährstoffionen eine positive Ladung haben, wird die Qualität eines Bodens gemessen an seiner **Kationenaustauschkapazität (KAK)**:

Material		Austauschwerte (KAK) in $cmol(+)kg^{-1}$
organisches Bodenmaterial		150–500
Kaolinit	Zweischicht-Tonmineral	5–15
Illit	Dreischicht-Tonminerale	20–50
Montmorillonit	Dreischicht-Tonminerale	80–120
Vermiculit	Dreischicht-Tonminerale	100–150
Chlorit	Vierschicht-Tonmineral	10–40
Sesquioxide	Fe- und Al-Oxide/Hydroxide	4
Feldspäte/Quarz	Primärminerale	1–2

Die Bedingungen in den Tropen

Einige Wissenschaftler glauben, eine ökologische Benachteiligung der feuchten Tropen nachweisen zu können, die auf eine generelle Unfruchtbarkeit feuchttropischer Böden zurückgeführt wird.

Zonaler Boden für die immerfeuchten Tropen ist der **Ferralsol** (aus Fe + Al), der das Ergebnis Jahrmillionen anhaltender Verwitterungsprozesse unter Waldbedeckung ist. Ganzjährig hohe Temperaturen und hohe Niederschläge sind ideale Bedingungen für intensive chemische Verwitterung. Deshalb ist das Ausgangsgestein tiefgründig aufgelöst – der unverwitterte C-Horizont liegt häufig in Tiefen von 20 bis 50 m und damit unerreichbar auch für Baumwurzeln.

Tropische Böden sind gekennzeichnet durch eine geringe Basensättigung, sie reagieren sauer bis sehr sauer. Dies sorgt dafür, dass leicht verwitterbare Mineralien bereits abgebaut und schwerer verwitterbare Restminerale im Oberboden kaum noch vorhanden sind. Im fortgeschrittenen Stadium dieses **Ferrallitisierung** genannten Prozesses wird schließlich auch Quarz (SiO_2), das widerstandsfähigste Mineral, gelöst und abgeführt **(Desilifizierung)**. Als Folge der Desilifizierung reichern sich **Kaolinite** als Sekundärminerale an, die als Zweischicht-Tonminerale nur eine sehr geringe KAK haben; daneben entstehen Eisen- und Aluminiumoxide/Hydroxide **(Sesquioxide)** mit noch geringerer KAK (vgl. Tabelle), von denen das Fe_2O_3 (Hämatit) für die tiefreichende und intensive Rotfärbung des Bodens stammt. Somit besitzen die Böden weder eine nachschaffende Kraft, noch eine ausreichende Austauschkapazität. Zusätzlich wird Phosphor in sehr saurem Milieu leicht in Form von Fe- und Al-Phosphat dem Nährstoffkreislauf entzogen **(Phosphatfixierung)**. Bei sinkendem pH-Wert (< 4) besteht die Gefahr, dass toxische Al^{3+}-Ionen freigesetzt werden und in den Nährstoffkreislauf geraten **(Aluminiumtoxizität)**.

Nährstoffe können unter solchen Bedingungen eigentlich nur aus dem Humuskomplex kommen, der aber, trotz einer sehr hohen ganzjährigen Streulieferung, nur sehr flachgründig ist und sich auf die obersten 20–40 cm konzentriert. Die sehr dünne Streuauflage ist Zeichen für den äußerst raschen Abbau aller organischen Substanzen, der für die Freisetzung großer Mengen an Atmungskohlensäure sorgt, die wiederum hauptverantwortlich ist für den niedrigen pH-Wert.

Wegen dieser doppelten Benachteiligung – Vorherrschen der Kaolinite und rascher Humusabbau – können Felder nach Brandrodung nur wenige Jahre genutzt werden, weil Auswaschungsverluste und die abnehmende Düngewirkung der Asche die Erträge der Nutzpflanzen rasch sinken lassen. Außerdem verflüchtigt sich ein großer Anteil des im Boden vorhandenen Stickstoffvorrates durch das Abbrennen. Eine Verbesserung der Erträge und eine Verlängerung der Nutzungsdauer wird von einigen Wissenschaftlern ausgeschlossen, da wegen der geringen Sorptionskapazität Nährelemente aus künstlicher Düngung nicht gespeichert werden könnten, sondern ungenutzt in das Grundwasser abgeführt würden.

Die Zersetzungsgeschwindigkeit von Laub- und Nadelstreu in verschiedenen Ökozonen[2]

Ökozonen	Zersetzungsrate (jährlicher Streuanfall: Streuvorrat)	Zersetzungsdauer (Jahre bis zu 95 %-iger Zersetzung)
Feuchte Mittelbreiten	0,77	4
Trockene Mittelbreiten (Grassteppe)	1,5	2
Sommerfeuchte Tropen	3,2	1
Immerfeuchte Tropen	6,0	0,5

Die Aussagen zur Unfruchtbarkeit der Tropenböden sind jedoch nicht generell gültig. Sie treffen zu für Gebiete mit stark ausgelaugten Böden, wie z. B. die Einzugsgebiete der Schwarzwasserflüsse im nördlichen Amazonien.

2 Nach Jürgen Schultz: Die Ökozonen der Erde. Verlag Eugen Ulmer, UTB ^{2}1995, S. 79

Sie treffen nicht zu für Gunsträume in den Feuchttropen:

- für Überschwemmungsgebiete der Weißwasserflüsse, die eine hohe Schwebstofffracht aus dem jungen Faltengebirge der Anden heranführen und so den Boden regelmäßig düngen (Nileffekt!),
- für Gebiete mit vulkanischen Böden, die sehr mineralreich sind und bei richtiger Bewirtschaftung hohe Erträge erlauben (Beweis dafür ist die Entstehung von Hochkulturen auf der Basis des Terrassenanbaus von Nassreis in Südostasien mit hohen Bevölkerungsdichten),
- für Hangregionen mit starker Bodenerosion (paradoxerweise), die es ermöglicht, dass der mineralreiche C-Horizont für die Wurzeln wieder erreichbar wird.

Eine Reihe neuerer Untersuchungen in Regenwäldern Lateinamerikas, Afrikas und Asiens hat inzwischen nachgewiesen, dass auch in Ungunsträumen der Ertragsrückgang weniger an der Erschöpfung des Vorrats an Pflanzennährstoffen im Boden liegt. Denn auch nach der üblichen dreijährigen Nutzungszeit war dieser Vorrat nur unwesentlich gesunken, die Ernteerträge gingen aber schon vorher zurück. Wesentliche Ursache für diese widersprüchliche Entwicklung scheint die Verschlechterung des pH-Wertes zu sein. Unmittelbar nach der Brandrodung stieg der pH-Wert deutlich an (von 3,9 auf 5,4). Diese Erhöhung durch die Asche ist möglicherweise wichtiger als die Düngewirkung, denn sie verringert die Aluminiumtoxizität und die Phosphatfixierung, sodass Phosphor wieder zur Verfügung steht. Die nachlassende Pufferwirkung der Asche und der wieder sinkende pH-Wert werden für den Ertragsrückgang verantwortlich gemacht. Aus diesen Erkenntnissen könnte abgeleitet werden, dass die potenzielle Produktivität auch armer tropischer Böden höher ist als die aktuelle Produktivität.

4 Vegetationszonen

Die Abbildung zeigt die Anpassungsformen der natürlichen Vegetation an die sich verändernden klimatischen Bedingungen. Bei etwa gleichen Temperaturen entscheiden Art und zeitliche Verteilung der Niederschläge über die jeweils möglichen Klimagesellschaften.

Modellhafte Abfolge von Temperatur, Niederschlag und Vegetation in den Tropen

Aride Monate	Mittlerer Jahresniederschlag	Mittlere Jahrestemperatur	Klimazone	Vegetationszonen
0–2,5	> 2 000 mm	25–27 °C	immerfeuchte Kerntropen	tropischer Regenwald
2,5–5	1 200–2 000 mm	25–28 °C	wechselfeuchte Tropen	Feuchtsavanne
5–7,5	500–1 200 mm	25–29 °C		Trockensavanne
7,5–10	200–500 mm	25–29 °C		Dornbuschsavanne
10–12	< 200 mm	25–30 °C	trockene Randtropen	Halbwüste/Wüste
2–5	450–700 mm	17–20 °C	Subtropen	subtropische Steppe

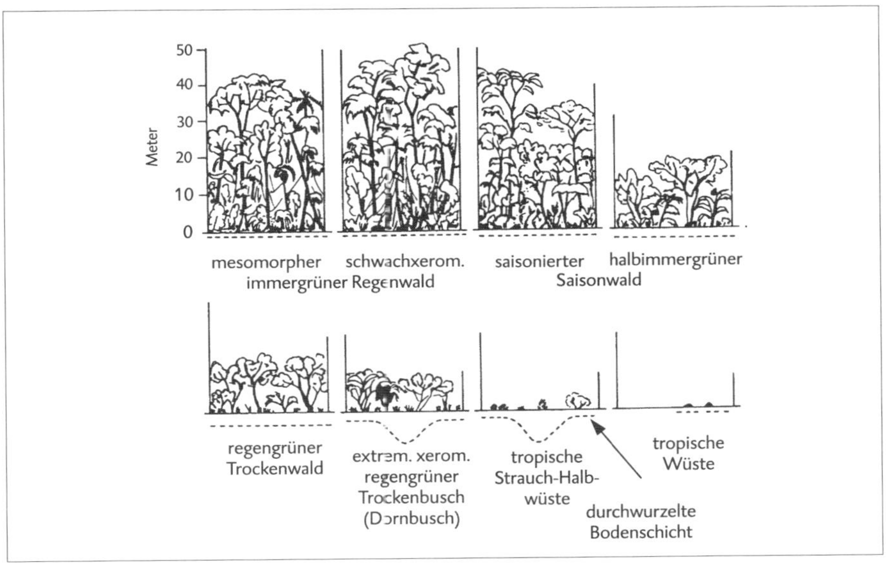

4.1 Formen der Wüste

In Wüsten und Halbwüsten der trockenen Randtropen fallen weniger als 250 mm Niederschläge. Es regnet sehr unregelmäßig, oft nur episodisch, manchmal gibt es jahrelang keinen Niederschlag. Es herrscht ein extremes Tageszeitenklima, Planzenwuchs ist kaum vorhanden.

Klima-bedingungen	Verwitterungs-art	entstehende Formen	Wüstentyp	arab. Begriff
sehr geringe Niederschläge ganzjährig hohe Temperaturen extreme Temperaturschwankungen zwischen Tag und Nacht	überwiegend physikalische Verwitterung: ständiges Erwärmen und Abkühlen sprengt das Gestein	grober, scharfkantiger Schutt am Fuß von Gebirgen, Tafelbergen (vergleichbar den Schutthalden in den Alpen)	größter Anteil: Felswüste Stein- oder Schuttwüste	 Hamada Reg
vgl. oben, aber: kühler und feuchter während der Eiszeiten	fließendes Wasser transportiert Verwitterungsschutt aus dem Gebirge	Schutt wird zerkleinert und abgerundet zu Kieseln; zerrieben zu Sand	Kies- und Geröllwüste	Serir
vgl. oben	Wind bläst Feinmaterial (Sand) aus Fels- und Kieswüste aus	an Hindernissen, in Becken bleibt der Sand liegen und wird zu Dünen aufgeweht	kleinster Anteil: Sandwüste	 Erg

Sandwüste und Halbwüste in Algerien

4.2 Savannen – Übergangsraum zwischen Regenwald und Wüste

Die Savannen in den wechselfeuchten Tropen sind die dichtest besiedelten agrarisch genutzten Räume in den Tropen (mit Ausnahme der in Kultur genommenen Regenwaldgebiete in Südostasien) und das Ökosystem unterlag und unterliegt seit Jahrhunderten mehr oder weniger intensiven Eingriffen des wirtschaftenden Menschen. Diese haben die natürliche Vegetation durch eine Sekundärvegetation ersetzt.

Bei etwa gleichförmigen Einstrahlungsmengen sind die Niederschläge das wichtigste Differenzierungsmerkmal. Der Wechsel zwischen Regen- und Trockenzeit bestimmt den Rhythmus des Jahres. Nach der Anzahl der ariden Monate unterscheidet man drei Untertypen der Savannen:

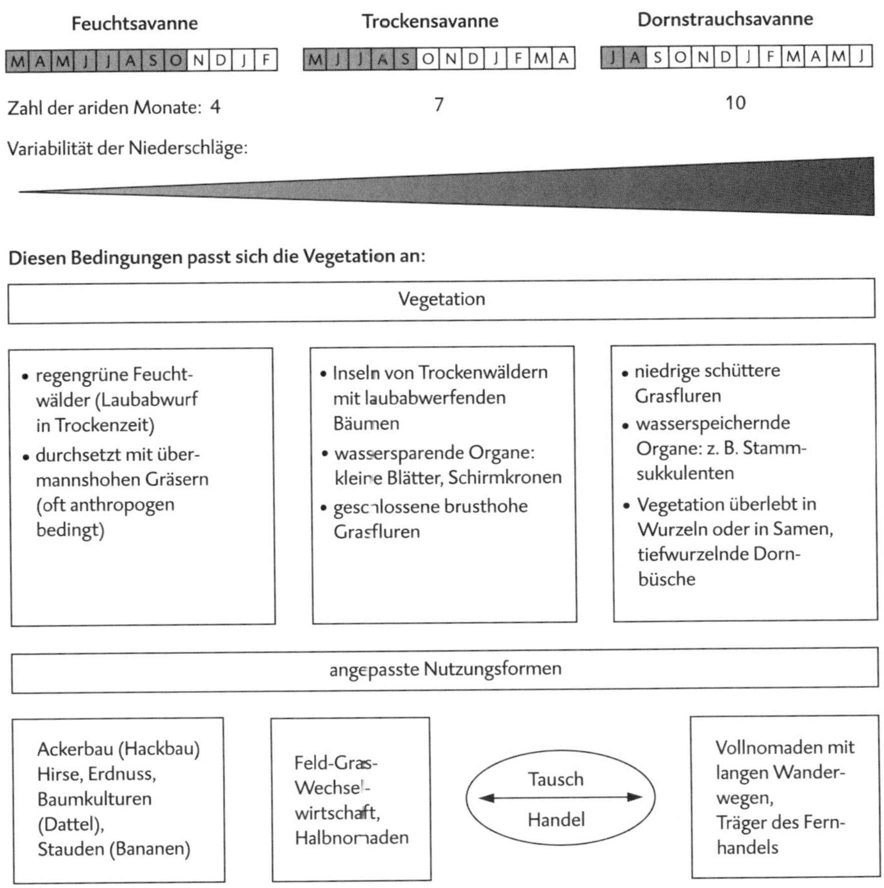

Savanne in Myanmar (Burma) in der Trockenzeit

In den **Trockentropen** (Randtropen) nimmt die **klimatische Ungunst** in dem Maße zu, wie die Niederschlagsmenge abnimmt. Verschärft wird sie durch die steigende **Variabilität** des Niederschlags. Der Jahresgang der Temperatur verläuft in drei Phasen: Auf die kühle Trockenzeit im Winter folgt die heiße Trockenzeit im Frühjahr, die von der warmen Regenzeit im Sommer bis Herbst abgelöst wird. Diesem Gang entspricht auch der Bodenwasserstrom. Während der drei- bis viermonatigen Regenzeit ist er nach unten gerichtet, während der Trockenzeit überwiegend nach oben. Dies hat Vor- und Nachteile.

Vorteile sind: Die Fruchtbarkeit der Böden ist deutlich höher als in der Feuchtsavanne und im Regenwald. Während der Regenzeit werden zwar Nährstoffe leicht ausgewaschen und nach unten abgeführt, während der Trockenzeit zieht die Verdunstung aber wasserlösliche Mineralbestandteile wieder nach oben, sodass Auswaschung und Anreicherung sich in etwa die Waage halten. Zudem ist die chemische Verwitterung zumindest im Oberboden auf die kurze Regenzeit beschränkt.

Nachteile sind: Die Gefahr der **Bodenversalzung** steigt mit der Zahl der ariden Monate an ebenso wie die Anfälligkeit für **Bodenerosion** wegen der schütteren oder fast nicht mehr vorhandenen Vegetationsdecke besonders nach der heißen Trockenzeit. Regenfälle, die auf den ausgedörrten Boden fallen, können anfänglich nicht versickern und fließen oberflächlich ab. Zusätzlich kann es zur **Krustenbildung** kommen, zur **Lateritisierung**.

4.3 Der immergrüne tropische Regenwald

Das üppige Wachstum und die immense Artenvielfalt der stockwerkartig gegliederten Vegetation wurden lange als Zeichen höchster Fruchtbarkeit der Böden interpretiert und daraus hohe Tragfähigkeitswerte abgeleitet. Die Erkenntnisse aus großflächigen Rodungen haben aber ein Paradoxon aufgedeckt. Diese biologische Schatzkammer stockt offensichtlich auf unfruchtbaren Böden.

Exkus: Es lebe die Vielfalt

Die Tropenwälder sind der Lebensraum mit der größten biologischen Vielfalt, also der größten Mannigfaltigkeit von Ökosystemen, Arten und Genen. Zig Millionen Arten dürfte es geben, aber erst 1,4 bis 1,5 Millionen sind bekannt. Davon entstammen allein 50 Prozent den Tropenwäldern; es wären wohl sogar 90 Prozent, hätte man schon alle Arten global erfasst.

Einige Beispiele mögen den biologischen Reichtum veranschaulichen. So beherbergt einer Studie zufolge ein einziger Hektar Regenwald von Peru 300 Baumarten. (Zum Vergleich: Mitteleuropa hat insgesamt nur rund 50 ursprünglich heimische baumartige Gehölzarten.) Bei einem anderen Projekt zählten Forscher in Peru auf einem Areal von fünf Quadratkilometern Regenwald mehr als 1 300 Tagfalterarten und 600 Vogelarten. (Zum Vergleich: In ganz Deutschland sind rund 600 Großschmetterlinge, einschließlich Tagfaltern, und mehr als 400 Vogelarten heimisch.) In demselben Gebiet entdeckte *Edward O. Wilson* von der Harvard-Universität in Cambridge (Massachusetts) 43 Ameisenarten in einem einzigen Baum – etwa so viel, wie in ganz Großbritannien leben.

Die reiche Vielfalt an Tieren und Pflanzen ist direkt und indirekt eine unschätzbare Quelle für Nahrung, Arzneien und Rohmaterialien. Wildpflanzen enthalten zum Beispiel die genetischen Ressourcen für die Zucht von schädlings- oder krankheitsresistenten Nutzpflanzen. Klinisch angewendet werden rund 120 Wirkstoffe von 95 Pflanzenarten, und davon wachsen 39 in Tropenwäldern. Überdies werden weltweit schätzungsweise zwischen 35 000 und 70 000 Pflanzenarten, die meisten wiederum aus dem Regenwald, in der Volksmedizin genutzt. Mit den Lebensräumen dieser Arten gehen unzählige medizinisch interessante Stoffe für immer verloren.

Aus: Richard E. Rice, Raymond E. Gullison, John W. Reid: Tropische Regenwälder. Grenzen nachhaltiger Forstwirtschaft

Der ökologische Kreislauf

Im tropischen Regenwald hat sich der Nährstoffkreislauf aus dem Boden nach oben verlagert und fast die gesamte Nährstoffmenge ist in der oberirdischen Phytomasse gespeichert. Der Bestandesabfall wird von dem Abbausystem aus Mikroorganismen, Bodenfauna und Wurzeln zersetzt und die Nährstoffe über die Mykorrhizae, ein symbiotisches System aus Feinwurzeln und Pilzhyphen, in mineralisierter Form an die Pflanzen zurückgegeben. Dieses Pilzgeflecht fängt zusätzlich alle Nährstoffe aus dem Sickerwasser auf. Dass auch der kleinste Rest an organischem Material auf diese Weise dem Kreislauf erhalten bleibt, lässt sich bei der Analyse des Bodenwassers erkennen: während Tropfwasser und Stammablauf einer nährstoffgesättigten, bierähnlichen Brühe gleichen, hat das Bodenwasser in nur 20–30 cm Tiefe schon die Qualität von destilliertem Wasser. Einzelne Pflanzen treiben sogar Besenwurzeln in die Streuauflage am Boden und auf den Ästen, um den Kreislauf möglichst kurz zu halten.

Die Lichtverhältnisse in geschlossenen, mehrstöckigen Waldbeständen – nur 1 % der eingestrahlten Energie erreicht den Boden – führen dazu, dass sich am Boden kaum eine Krautschicht ausbildet, die zur Humusbildung beitragen könnte.

Der Regenwald ist das Ergebnis eines nahezu **geschlossenen Regelkreislaufes**, der sich in einem dynamischen Gleichgewicht befindet und von außen nur einen kleinen Teil des Niederschlagswassers (25–30 % als Zenitalregen), und Stickstoff aus der Luft (Gewitter) erhält. Zusätzlich erfolgen über Ferntransport Staubeinträge aus Trockengebieten, die in etwa den Nährstoffaustrag aus dem System (über die Flüsse) ersetzen sollen.

Der Wald erzeugt sein eigenes **Mikroklima** mit beständig hohen Temperaturen und hoher Luftfeuchtigkeit – ein Treibhausklima –, er speist den Wasserkreislauf durch Eigenverdunstung (Interzeption, Evapotranspiration) zu zwei Drittel bis zu drei Viertel (den so genannten kleinen Wasserkreislauf, der durch den großen Wasserkreislauf der Zenitalregen ergänzt wird).

Raubbau am Regenwald oder nachhaltige Forstwirtschaft?

In der Frage, ob die Ressource Holz überhaupt genutzt werden solle, stehen sich mehrere Positionen gegenüber. Aus der Tatsache, dass das Dickenwachstum bei Bäumen im Tropenwald sehr gering ist und kaum so viel Stammholz nachwächst wie in einem hiesigen, gut gepflegten Buchenwald, werden unterschiedliche Schlussfolgerungen gezogen. Einige Wissenschaftler vertreten die Auffassung, dass ein hochkomplexes Ökosystem wie der Regenwald sich jeder nachhaltigen Bewirtschaftung entziehe und deshalb keinerlei Holznutzung stattfinden dürfe. Aus der gleichen Ansicht heraus fordern andere, den „unproduktiven“ Regenwald in Plantagen umzuwandeln, die ein Vielfaches an Holz je Hektar abwerfen würden. Eine dritte Gruppe plädiert für eine nachhaltige, schonende Nutzung unter strikter Einhaltung mehrerer genau definierter Auflagen[3].

Forderungen an eine nachhaltige Nutzung des Regenwaldes

1. Das Nutzungssystem muss so angelegt sein, dass der Stoffhaushalt auf Dauer im Gleichgewicht bleibt.
2. Der nachhaltig bewirtschaftete Wald muss die Fähigkeit zur Selbsterneuerung behalten.
3. Waldbauliche Pflegemaßnahmen verändern die Struktur des Waldes so, dass optimale Wuchsbedingungen erhalten bleiben.
4. Damit das nachhaltige Ertragspotenzial voll genutzt werden kann, ist es in vielen Fällen erforderlich, die Artenzusammensetzung zu Gunsten der kommerziellen Arten zu verändern.
5. Nachhaltigkeit bedeutet nicht nur die Erzeugung von Holz und anderen Forstprodukten, sondern auch: Erhalt der ökologischen Wirkungen des Waldes, der Artenvielfalt und Gen-Ressourcen.

Dieser Forderungskatalog wird um eine sozio-ökonomische Komponente erweitert: „Das Ergebnis einer naturnahen Bewirtschaftung des Tropenwaldes ... wären Wälder, die
1. den Bedürfnissen der menschlichen Gesellschaft angepasst sind,
2. Holz und andere Produkte nachhaltig liefern,
3. ihre ökologischen Schutzwirkungen, ihre Struktur und Artenvielfalt weitgehend erhalten haben.

Durch die ökonomischen Erträge bleibt das unmittelbare Interesse am Wald erhalten, und eine Umwandlung in andere Landnutzungsformen, die meist nicht nachhaltig sind, könnte abgewendet werden. Genug forstliches Wissen ist vorhanden, ebenso Beispiele für die Machbarkeit. Es müssen nur noch die sozio-ökonomischen Rahmenbedingungen geschaffen werden – aber dies ist offensichtlich der schwierigste Teil."

3 Nach H.-J. Weidelt: Grundsätze einer nachhaltigen Bewirtschaftung tropischer Feuchtwälder. Holz aktuell 8. Reutlingen 1991, S. 38 ff.

Argumente gegen eine forstwirtschaftliche Nutzung[4]

- Mangelhafte Nutzung der vorhandenen Hölzer – nur Modehölzer interessant,
- Zerstörung durch rücksichtslose Erntemethoden – 45 bis 75 % Verlust durch Fällen und Rücken,
- zu häufige Durchforstung (Abstände zu kurz – als Folge zu kurzer Laufzeiten der Holzkonzessionen),
- Zerstörung großer Flächen an Regenwald bringt große Verluste an aktuellen und potenziellen Einnahmen aus der Nutzung von Nicht-Holz-Produkten (Fasern, Öle, Genbestände),
- Umwandlung von Wald in Ackerland und Weide unrentabel: Einnahmen aus Wald gehen verloren, Weide nur durch Subventionen für Betreiber rentabel, für den Staat ein doppeltes Verlustgeschäft,
- fehlerhafte Forstpolitik: Konzessionsgebiete zu groß, Forstbehörden zu klein, deshalb kaum Kontrolle der Einhaltung von Auflagen möglich,
- illegale Holzentnahme durch Korruption, Schlamperei gedeckt,
- Konzessionsabgaben nur selten in voller Höhe einkassiert,
- Verarbeitung vor Ort unrentabel: subventioniert, verbraucht 30 % mehr Holz als moderne Holzverarbeiter,
- falsche Landwirtschafts- und Sozialpolitik:
  Wald als Ventil für Bevölkerungsdruck – Bevölkerungsplanung entfällt,
  Wald als Ventil für Nachfrage nach Boden – Bodenreform entfällt,
  Wald als Ventil für Verschuldungsfalle: Umwandlung in Ackerflächen/ Plantagen für den Export.

4 Nach Robert Repetto: Die Entwaldung der Tropen: ein ökonomischer Fehlschlag. In: Spektrum der Wissenschaften, Juni 1990, S. 122–129

Agrarische Landnutzung in tropischen und subtropischen Entwicklungsländern

In den Tropen und Subtropen haben sich aufgrund der naturräumlichen Bedingungen im Laufe vieler Jahrhunderte ökologisch angepasste traditionelle Nutzungsformen entwickelt, die entsprechend der veränderlichen regionalen Verhältnisse Variationen erfuhren. Primäres Ziel dieser agrarischen Tätigkeit war zunächst die **Selbstversorgung** der einheimischen Bevölkerung mit Nahrungsmitteln. In der Kolonialzeit entstanden neue Nutzungsysteme wie die **Plantage**, deren Ziel allerdings die Versorgung des Weltmarktes darstellte. Die Bevölkerungsexplosion, Preisentwicklungen auf dem Weltmarkt und die Verschuldungskrise der Dritte-Welt-Länder stellen seit geraumer Zeit beide Nutzungsweisen vor ökologische und ökonomische Probleme und leiten Veränderungen hinsichtlich der Tragfähigkeitssteigerung tropischer Räume ein.

Balinesischer Bauer mit Ochsenpflug

Prinzipiell unterscheidet man ackerbauliche Nutzungsformen mit Landwechsel oder ortsfestem Anbau (bei Dauerkulturen und/oder Kulturenwechsel mit oder ohne Brachezeiten). Ähnliches gilt auch für die Weide- bzw. Viehhalteformen.

1 Wichtige Nutzpflanzen der Entwicklungsländer

In der nachfolgenden Abbildung sind Kulturpflanzengruppen entsprechend ihres Anteils an der Produktion aller Entwicklungsländer dargestellt. **Getreide- und Knollenfrüchte** stellen die eigentlichen Grundnahrungsmittel dar, wobei jeweils drei Arten die Nahrungsversorgung dominieren und durch Obst- und Kochbananen als zusätzlichem Energie- bzw. Kohlehydratlieferanten ergänzt werden. Ölpflanzen und Körnerleguminosen sind weitere wichtige Energie- bzw. Fettlieferanten. Der Vergleich der Produktionsmengen zeigt allerdings, dass diese Produkte im Vergleich zu Getreide- und Knollenpflanzen nur eine nachgeordnete Bedeutung für die Ernährung besitzen.

Produktionsmenge bei Getreide, Knollenfrüchten, Ölpflanzen und Leguminosen in den Ländern der Dritten Welt (Angaben in Mio. t 1986)

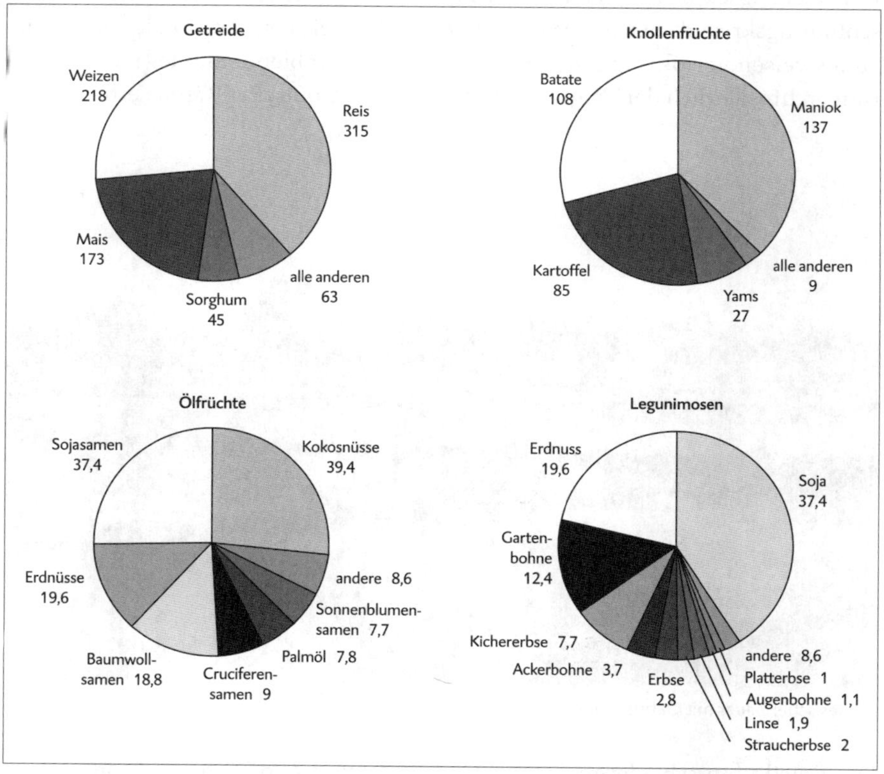

Fruchtbananen und Ananas sind „traditionell" wichtige Exportprodukte zur Devisenbeschaffung. Weitere exotische Früchte wie Papaya, Mango und Litchi haben noch eine geringe Exportbedeutung, die Entwicklungstendenzen sind allerdings positiv. Genussmittel und pflanzliche Rohstoffe sind als Weltmarktprodukte ebenfalls wichtige Devisenlieferanten. Bei den Genussmitteln sieht die Reihung nach exportierten Mengen folgendermaßen aus: Kaffee, Kakao, Tee, Tabak, Zucker. Bei den Rohstoffen ergibt sich entsprechend: Baumwolle, Jute und Kenaf, Kautschuk.

2 Die Landnutzung in den inneren Tropen

2.1 Brandrodungswanderfeldbau bzw. Shifting Cultivation

Shifting Cultivation ist die älteste und einfachste Form der Landnutzung in den inneren Tropen, insbesondere in den Regenwaldgebieten Afrikas, Südamerikas und Asiens. Zunächst wird ein Waldstück mit Axt und Machete gerodet ohne die Baumstümpfe aus dem Boden zu entfernen. Am Ende der Trockenzeit wird das Rodungsholz abgebrannt. Das Brennen hat folgende **Vorteile**:

- Bereitstellung von Nährstoffen in Form des Aschedüngers,
- Anhebung des pH-Wertes der häufig sauren Böden,
- Vernichtung von Unkräutern.

Abholzung des tropischen Regenwaldes in Belize als Vorbereitung zur Brandrodung

Diese positiven Aspekte der Brandrodung kommen jedoch in der Regel – in Abhängigkeit von den Nutzungspflanzen – nur ein bis zwei Jahre zum Tragen, denn mit zunehmender Dauer sinken die Erträge auf diesen Flächen relativ schnell. **Gründe für den Ertragsabfall** sind v. a. das Fortschwemmen der dünnen Humusschicht samt Asche wegen der häufigen Starkregen und eine starke Zunahme der Unkräuter. In der Regel wird in den ständig feuchten Gebieten deswegen das Areal nach einem Jahr aufgegeben (in stärker wechselfeuchten Regionen nach bis zu vier Jahren) und in einem anderen Waldstück beginnt der beschriebene Prozess von neuem, während die alten Nutzflächen brachfallen und in einem Turnus von zehn bis zwanzig Jahren nach Aufkommen eines Sekundärwaldes wieder in Nutzung genommen werden können.

Modellhafte Darstellung der Shifting Cultivation

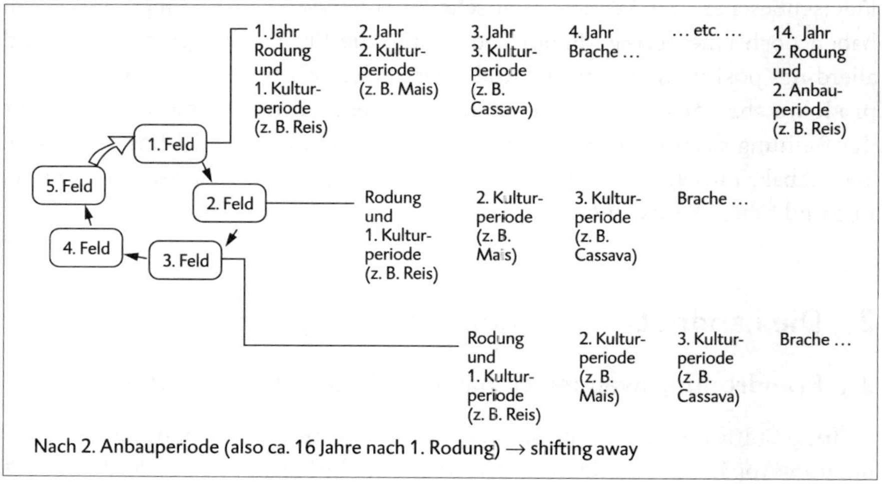

Dominante Nutzpflanzen, die zu Beginn der Regenzeit mit dem Pflanzstock ausgesät werden, sind in Lateinamerika und Afrika Mais und Maniok, in Asien hingegen Trockenreis. Diese Form der **Wald-Feld-Wechselwirtschaft** stellt in Regenwaldgebieten bei minimalem Kapitalaufwand in kürzester Zeit den Nahrungsbedarf sicher, wenn auch mit marginalen Erträgen um 1 Tonne Getreide pro ha in einer Saison. Die Tragfähigkeit reicht deshalb nur bis zu 30 Personen pro km². Zudem müssen etwa 300 Tonnen Biomasse geopfert werden.

Ertragsfähigkeit und Anbauintervalle in Regenwaldgebieten

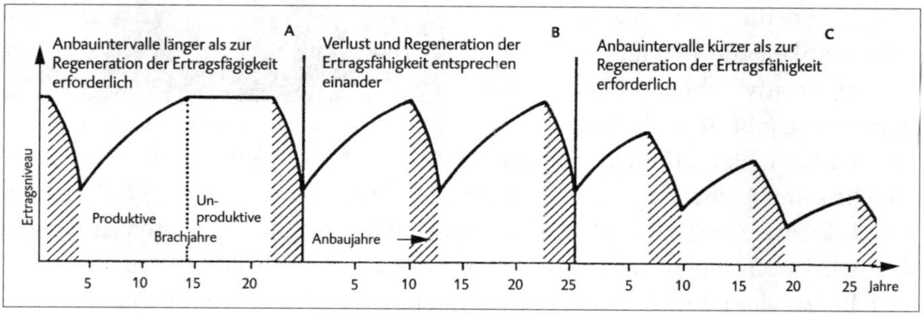

Wird die Shifting Cultivation in der beschriebenen Weise bei 10–20 Jahren Brachzeiten durchgeführt sind ökologische Schäden langfristig nicht zu erwarten, denn der Wiederbewuchs mit Sekundärwald, auch wenn er eine Walddegradation darstellt, verhindert im Zusammenhang mit der den Oberboden schonenden Pflanzstocktechnik die Erosion und sorgt für den Wiederaufbau des **Bodenpilzgeflechtes**. Wenn die Wiederbewaldung während der Brachzeit eintritt kann es auch nicht zu einer zusätzlichen Anreicherung mit Kohlendioxid in der Atmosphäre durch die Brandrodung kommen.

Als nicht mehr ökologisch angepasst muss der Brandrodungsfeldbau gelten, wenn infolge zunehmenden Bevölkerungsdruckes die notwendigen Brachzeiten unterschritten werden und durch Einsatz von Hacke und Pflug eine starke Zunahme der Erosion insbesondere in Hanglagen eintritt. Dann kann es zur endgültigen Zerstörung des Regenwaldes kommen: Laut FAO sollen in Lateinamerika 35 %, in Asien 49 % und in Afrika 70 % der Waldzerstörung davon herrühren. Allerdings wird nach Meinung von Fachleuten diese Waldzerstörung weniger vom traditionellen Brandroden hervorgerufen als vielmehr von groß angelegter Agrarkolonisation, auf die später noch eingegangen wird.

2.2 Ecofarming

Angesichts der drängenden Bevölkerungszunahme entwickelten europäische Landwirtschaftsexperten nach traditionellen Vorbildern aus verschiedenen Regionen Afrikas eine Bewirtschaftungsmethode, das so genannte **Ecofarming**. Es sollte in tropischen Ländern eine **Intensivierung der Landwirtschaft** und einen **schonenden Umgang mit Ressourcen** in Einklang bringen. Ecofarming wurde zuerst in Ruanda eingeführt, da dort ein ungünstiges gebirgiges Relief und eine starke Bevölkerungszunahme Neuerungen besonders dringend machten.

Mit durchschnittlichen Bevölkerungsdichten von 380 Einwohner/km^2 gehört Ruanda zu den bevölkerungsreichsten Ländern Afrikas. Vor dem Bürgerkrieg 1994 verdoppelte sich die Bevölkerung bei einer Wachstumsrate von 3,7 % innerhalb von 20 Jahren! Die traditionelle Shifting Cultivation war wegen der Landknappheit nicht mehr einzuhalten. Beim Ecofarming werden nun auch andere traditionelle Methoden mit berücksichtigt: **Mischkulturen** aus Baum- bzw. Strauchanpflanzungen (Kaffee, Ölpalmen, Kokospalmen...) und einjährigen Pflanzen wie Maniok, Yams oder Mais ahmen den natürlichen Stockwerkaufbau des Regenwaldes nach. Dies hat erhebliche **Vorteile**:

- Schutz vor Starkregen wegen des ganzjährigen Blätterdaches und Bodenbedeckung,

- dadurch geringere Erosionsraten und Nährstoffverluste,
- eingeschränkte Nachahmung des Biomassenkreislaufes im Regenwald (Laubabwurf und Humifizierung),
- Erschließung zusätzlicher Nährstoffe für die einjährigen Nutzpflanzen durch die tieferreichenden Wurzeln der Baumkulturen mithilfe des Bodenpilzgeflechtes (Nährstoffpumpe).

Bei Kleinstflächen von unter einem Hektar Größe und stark reliefiertem Gelände wurden nun der Anbau bestimmter Kulturen mit der Viehhaltung und der Holzproduktion so kombiniert, dass ein **integriertes Landnutzungssystem mit möglichst geschlossenen Stoffkreisläufen** entstand, die sich gegenseitig unterstützen und ergänzen. Boden und Bodenfruchtbarkeit bleiben erhalten und den Bauern wird eine kapitalaufwändige Bewirtschaftung mit Mineraldünger und Pestiziden erspart.

Hangparallele Gräben verhindern ungebremstes Abfließen des Niederschlagswassers und hemmen die Bodenerosion. Gleichzeitig werden die Wälle der Gräben mit Gras und Busch- bzw. Baumreihen bepflanzt, sodass eine gewisse Anreicherung des erodierten Schwemmmaterials erreicht wird. Im Laufe der Zeit sollen also Terrassen entstehen, deren Kanten aufgrund der Durchwurzelung und des Dauerbewuchses Festigkeit erhalten. Die Mykorrhizen (Bodenpilze im Wurzelbereich) schließen für die einjährigen Kulturpflanzen noch zusätzlich Nährstoffe auf.

Kulturenverteilung und Erosionsschutz

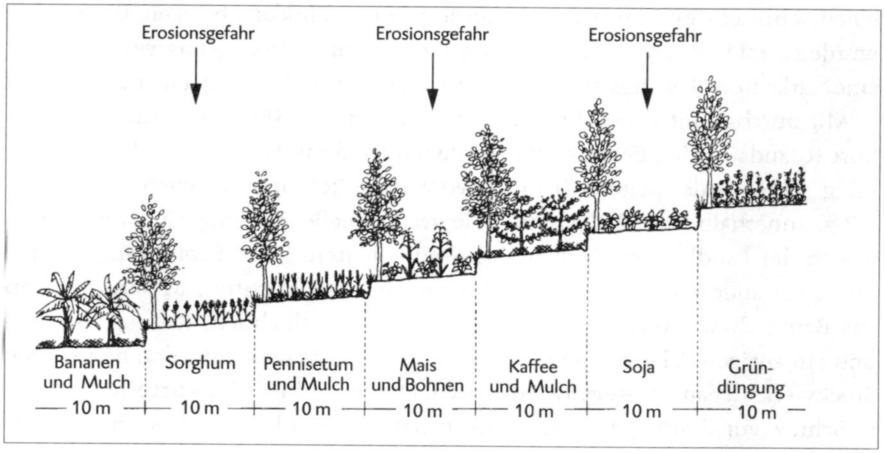

Der Terrassenbepflanzung liegen folgende Gesichtspunkte zugrunde:

- Wechsel der Kulturen je nach erosionshemmender Wirkung (u. U. Misch- und Stockwerkbau),
- Wechsel der Kulturen je nach Nährstoffentnahme oder -anreicherung (Leguminosen wie Soja reichern Stickstoff an),
- Kulturenvielfalt vermindert die Gefahr des Schädlingsbefalls und ermöglicht Anbau von „food- **und** cash-crops“,
- Gründüngung sorgt für organisches Material und soll Mineraldünger ersetzen,
- Mulchen liefert ebenfalls organisches Rohmaterial und behindert die Erosion.

Da die natürlichen Waldflächen sowie Weideflächen wegen der hohen Siedlungsdichte immer stärker im Schwinden begriffen sind, bietet dieses System einen Übergang zur Stallviehhaltung bei gleichzeitiger kontrollierter Holzproduktion.

Modell des integrierten Landnutzungsystem

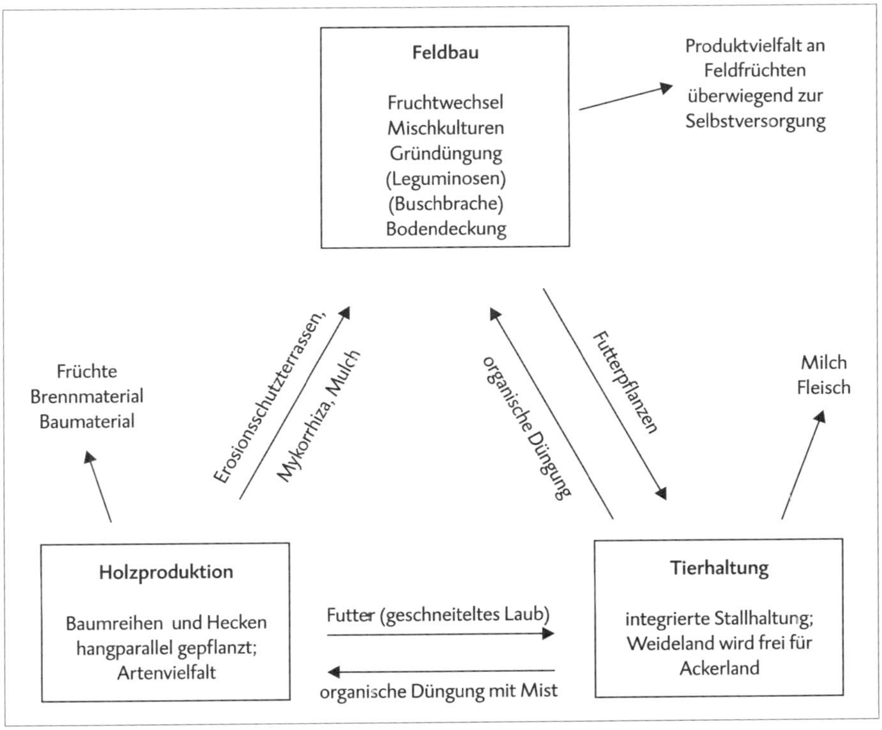

Abfälle der Pflanzenproduktion unterstützen auch die Viehhaltung, während die Tiere organisches Düngematerial in Form von Mist liefern. Alle drei Produktionsbereiche ermöglichen dem Landwirt eine Erweiterung seiner Gesamterzeugung und Versorgung.

Eine **kritische Bewertung** Mitte der 90er-Jahre stellt vor allem die guten Düngeerfolge bei Mist- und Kompostverwendung heraus, während Gründüngung und die Beschaffung zusätzlicher Nährstoffe durch die tiefreichenden Wurzeln der Bäume eher geringe Erfolge aufweisen. Die Maßnahmen zur Verbesserung der Landbewirtschaftung waren sicherlich ein richtiger Schritt zu einem intensiveren und nachhaltigeren Landbau in den Entwicklungsländern. Es zeigte sich aber, dass die Umsetzung vor Ort aus sozioökonomischen Gründen an ihre Grenzen stieß. Aufgrund des geringen Landbesitzes legten die Bauern ihr Augenmerk verstärkt auf Ertragsintensivierung. Erst langfristig wirksame Maßnahmen wie Erosionsschutz wurden nur wenig beachtet, die erfolgversprechende Stalltierhaltung aus Kostengründen und wegen zu hohem Arbeitsaufwand noch zu wenig eingesetzt. Da aber der Mist sehr hoch geschätzt wird sind noch Veränderungen zu erwarten. Wichtig ist es, die Zielgruppen stärker in die Entwicklung neuer Methoden einzubeziehen und neues Know-how nicht bloß von außen einzubringen.

2.3 Veränderungen im traditionellen Wanderfeldbau

Der Wanderfeldbau in seiner beschriebenen ursprünglichen Form existiert kaum noch. Grund dafür sind nicht nur der wachsende Bevölkerungsdruck, sondern auch technische Neuerungen, verbesserte Verkehrsinfrastruktur, Zugang zu Märkten und Einflüsse der **Grünen Revolution** (siehe Kapitel 4.4) spielen hierbei eine Rolle. Insbesondere in Südostasien ist der Wandel bereits fortgeschritten.

Vom traditionellen Wanderfeldbau zum Nassreis-Kautschuk-Anbau

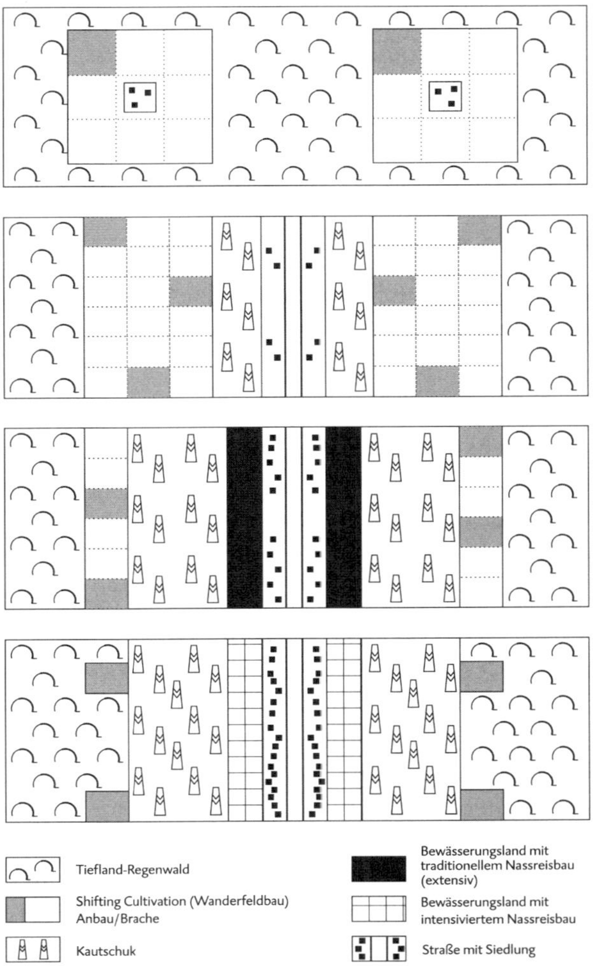

1. Phase (vor 1910/20)

Traditioneller Wanderfeldbau als „Lebensform" im Tieflandregenwald mit ein- bis zweijährigem Anbau und sieben bis vierzehn Jahren Brache. Siedlung in Sippenweilern ohne Marktanschluss. Einziges Produktionsziel: Selbstversorgung (Subsistenz) mit Trockenreis.

2. Phase

Bau einer Straße und Einführung von Kautschuk als Verkaufskultur. Verlagerung der Siedlung an die Straße zwecks Marktanbindung und Transportmöglichkeit für den Kautschuk. Daneben weiterhin Wanderfeldbau mit Trockenreis zur Eigenversorgung.

3. Phase

Bevölkerungszunahme und Ausdehnung des Kautschukanbaus auf ehemaliges „Shifting Cultivation"-Land. Statt Trockenreis im Wanderfeldbau zunehmend Nassreisbau auf Bewässerungsland in Siedlungsnähe (Innenfeld). Nur noch etwas zusätzlicher Wanderfeldbau an der Peripherie (Außenfeld).

4. Phase (nach 1970/80)

Weitere Bevölkerungszunahme. Intensivierung des Nassreisbaus mittels modernem Saatgut, jährlicher Doppelernte und verbesserter Bewässerung (Grüne Revolution). Beibehaltung des Kautschukanbaus. Aufgabe des Wanderfeldbaus. Nur noch „initialer Wanderfeldbau" mit Brandrodung zur Erschließung neuer Kautschukflächen. Wiederausbreitung des Waldes auf ehemaligen Wanderfeldbauflächen.

Die Bedeutung des Wanderfeldbaus in den inneren Tropen wird heute sowohl hinsichtlich der Flächen als auch der beteiligten Personen stark überschätzt. Sowohl für Südostasien als auch für Lateinamerika gilt, dass er im wesentlichen nur noch von eingeborener Bevölkerung in schwer zugänglichen Randlagen betrieben wird. In Afrika hingegen scheinen schätzungsweise noch 20 % der Tropenbevölkerung davon zu leben. Die im Vergleich zu Asien geringe Einwohnerdichte, mangelnde Verkehrserschließung und eine praktisch kaum eingetretene Grüne Revolution sind als Hauptgründe anzuführen. In Gebieten mit stark zunehmender Bevölkerung muss man jedoch feststellen, dass sich der Wanderfeldbau in einen permanenten Regenfeldbau umwandelt mit den entsprechenden problematischen Folgen (Ertragsabfall, Erosionszunahme, Waldzerstörung ...). Diese Aspekte können zu der auf Seite 38 dargestellten „Armutsspirale" führen, die sich infolge unangepasster Nutzung zu ergeben droht.

2.4 Moderne Agrarkolonisationen

Während die Shifting Cultivation mehr und mehr zurückgeht, nehmen überwiegend **staatlich gelenkte Agrarkolonisationen** im Bereich des tropischen Regenwaldes stetig an Bedeutung zu.

Wichtige **Beispiele** sind in

- Asien: Rodungskolonisationen in Thailand, Malaysia, Philippinen und das „Transmigrasi-Projekt" in Indonesien,
- Lateinamerika: Kolonisation längs der „Transamazonica" in Brasilien, in der brasilianischen Provinz Rondonia sowie zusätzlich starke Ausweitung der Rinderweidewirtschaft,
- Afrika: Kolonisation für Dauerkulturen in westafrikanischen Ländern.

Ursachen dieser Kolonisationen sind ein rasches Bevölkerungswachstum, die abnehmende Tragfähigkeit und die geringen Erträge der traditionellen Anbaugebiete. Ungünstige Bodenbesitzverhältnisse sowie ein extremer Verstädterungsprozess verstärken zusätzlich die Versorgungsengpässe.

Zielsetzungen der Kolonisationen sind deshalb die Ausweitung, Intensivierung und Steigerung der landwirtschaftlichen Produktion und die Förderung moderner Anbaumethoden und Vertriebssysteme. Nahrungsmitteleinfuhren sollen gesenkt und durch Ansiedlung von Kolonisten und eine gleichmäßigere Bevölkerungsverteilung Disparitäten abgebaut werden.

Im **Unterschied** zum traditionellen **Wanderfeldbau** ersetzen permanente Pflanzenerzeugung und Viehhaltung den langfristigen Wechsel von kurzem Anbau und langer Brachzeit, die dominante Selbstversorgung wird von der Marktorientierung abgelöst und es gibt individuelle, andauernde Landnutzungsrechte statt dem vorübergehenden Nutzungsrecht eines Clans oder Stammes.

2.5 Plantagen und Pflanzungen

Plantagen sind landwirtschaftliche Großbetriebe, die im Zuge der Kolonialisierung seit dem 16. Jahrhundert entstanden und bis ins 19. Jahrhundert meist mit versklavten Arbeitskräften betrieben wurden. Im Gegensatz zum traditionellen Landbau in den inneren Tropen besitzt die Plantage folgende wesentliche Kennzeichen:

Ökonomische Merkmale:
- große landwirtschaftlich genutzte Flächen (meist einige tausend Hektar),
- meist Kapitalgesellschaften (mit modernem Betriebsmanagement) im Besitz ausländischer Konzerne und/oder des Staates,
- Produktion der Agrarerzeugnisse unter erheblichem Aufwand an Technik und Kapital sowie mit hohem Rationaliserungsgrad,
- eigene Infrastrukturausstattung,
- an die Gewinnung der Pflanzenprodukte ist sehr häufig eine industrielle Weiterverarbeitung angeschlossen,
- häufig vertikale Integration in das „Agrobusiness" internationaler Lebensmittelkonzerne,
- Erträge sind vergleichsweise hoch, durch hohen Einsatz von Düngemitteln und Pestiziden,
- Massenproduktion mit hoher Qualität und einheitlichem Standard,
- spezialisierte Erzeugung meist eines Produktes für den Weltmarkt → relativ wichtiger Beitrag zur Devisenbeschaffung des Entwicklungslandes,
- Arbeitsplätze (in größerer Anzahl werden sie allerdings nur zu Erntezeiten, also saisonal, benötigt).

Ökologische Merkmale:
- Anbau mehrjähriger Nutzpflanzen oder Dauerkulturen: Tee, Kaffee, Kakao, Bananen, Zuckerrohr, Kokosnuss, Ananas, Sisal, Ölpalmen, Kautschuk usw.,
- der Anbau erfolgt in der Regel in Monokultur,

- teilweise an die Tropenbedingungen angepasste Nutzungsweise (relativ geringer Nährstoffbedarf der Dauerkulturen mit entsprechendem Wurzelwerk → langjähriger Anbau möglich, geschlossene Vegetationsschicht mindert Erosion → Hangbebauung möglich),
- Nachahmung der Waldformation möglich: z. B. benötigt der Kakaostrauch einen bestimmten Schattenanteil für seine optimalen Wuchsbedingungen, folglich kann er mit Schattenbäumen kombiniert werden.

Plantagen gelten in der Regel als hochproduktive Betriebe, deren **Orientierung auf den Weltmarkt** hin ihnen allerdings den Vorwurf einbrachte, dass sie die dringend nötige Flächenerweiterung für die Nahrungsmittelerzeugung der heimischen Bevölkerung wegen ihres eigenen großen Landbedarfs behinderten und die erzielten Gewinne z. T. in die Industrieländer transferierten (z. B. bei ausländischen Eignern).

So ist etwa die Banane eine typische Plantagenpflanze, deren marktorientierter Anbau sich für Kleinbauern als problematisch erweist, da die Pflanzungen häufig Bewässerung und Drainage benötigen, Krankheiten und Schädlingsbefall hohe Investitionen verursachen und die Früchte empfindlich auf den Transport reagieren.

Bestimmte Dauerkulturen, wie etwa der Kautschukbaum, eignen sich jedoch aufgrund ihrer Anspruchslosigkeit ideal als so genannte **„smallholder-Pflanze"** für kleinbäuerliche Pflanzungen. Der Zeitaufwand für Pflege und Zapfen des Latexsaftes lässt sich leicht mit der gundlegenden Nahrungsmittelproduktion in Einklang bringen. Daneben muss sich allerdings wenigstens ein regionaler Absatzmarkt entwickelt haben. Zumindest in einigen Entwicklungsländern ist dies auch der Fall, da dort aufgrund zunehmender Verstädterung eine Binnennachfrage einsetzt und somit eine langsame Binnenorientierung der Plantagenproduktion einleitet.

Zusehends werden auch neue Wege der Zusammenarbeit zwischen Plantagen und bäuerlichen Betrieben gesucht und praktiziert, da beide Seiten daraus Vorteile ziehen können. Plantagenbetriebe haben bei diesen Kooperationen auch gute Chancen sich von dem überkommenen Image einer kolonialen „Altlast" zu entfernen. Dies trifft um so mehr zu, wenn das Entwicklungsland selbst Besitzer solcher Betriebe ist.

2.6 Ökologische Würdigung der Nutzungsformen

Die genannten Nutzungsformen der inneren Tropen werden oft in Beziehung zum Rückgang des tropischen Regenwalds gebracht. Meldungen von Umweltkatastrophen, wie der im Herbst 1997 in Südostasien (u. a. monatelang brennende Wälder mit immensen Rauchemissionen), zeigten die vielfältigen Ursachen der Regenwaldzerstörung mitsamt den dahinter stehenden konkurrierenden Interessensgruppen und Nutzungskonflikten.

Vielfach wurde daraufhin die Shifting Cultivation wieder als ein „Krebsgeschwür" der Tropen bezeichnet. Betrachtet man – wie weiter oben erläutert – das reale Ausmaß der Waldzerstörung aufgrund des ursprünglichen Wanderfeldbaus so muss man die anderen Formen, insbesondere die **Agrarkolonisation** für permanenten Feldbau, als weitaus schlimmer einschätzen: hier folgt auf die endgültige Rodung schließlich noch eine entsprechende Verwüstung in punkto Bodenfruchtbarkeit.

Nachfolgende Tabelle zeigt die relative Bedeutung der Schädigungen für den Wald und die Armutsspirale, die sich infolge unangepasster Nutzung zu ergeben droht.

Wichtige Ursachen der Waldzerstörung im tropischen Asien[1]

	semiarides Südasien (z. B. Indien, Pakistan)	wechselfeuchtes Südostasien (z. B. Thailand, Vietnam, Philippinen)	immerfeuchtes Südostasien (z. B. Malaysia, Indonesien)
Feuerholz und Holzkohle	◆	●	
Stammholzentnahme			◆
Überweidung	■		
Traditioneller Wanderfeldbau		■	●
Agrarkolonisation	●	◆	■

◆ Hauptursache ■ weitere wichtige Ursache ● Nebenursache

1 © Ulrich Scholz, Geographisches Institut der Universität Gießen

Die Armutsspirale

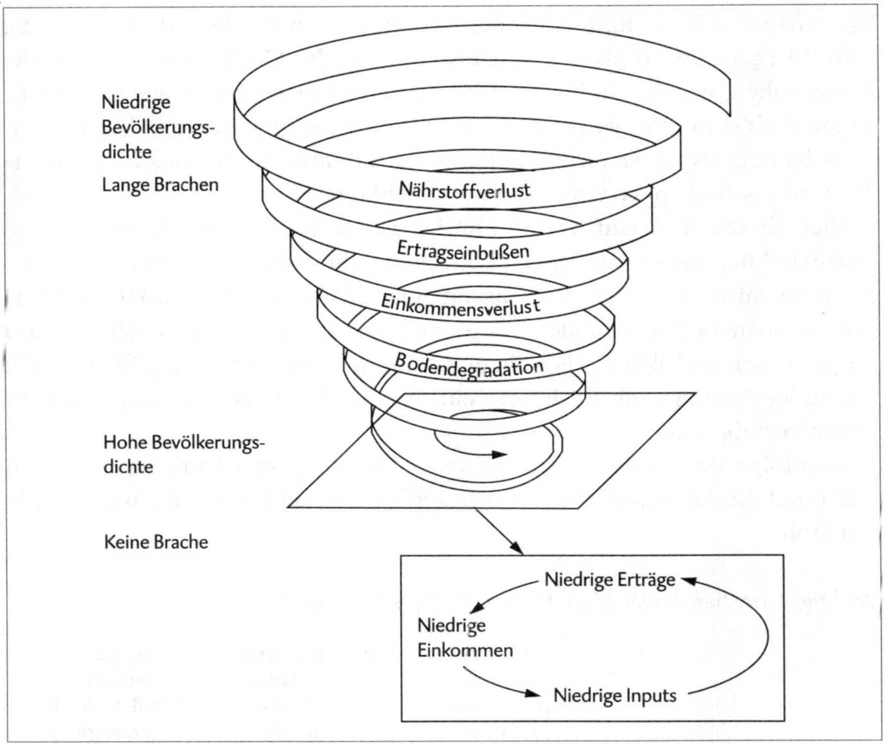

Plantagenkulturen bzw. Mischsysteme mit Kombinationen von food- und cash crop-Produktion scheinen die Ressourcen Wald und Boden deutlich weniger zu belasten und bieten den Vorteil des Zugangs zur monetären Wirtschaftsweise. Plantagenkulturen und Pflanzungen müssen aber auch kritisch eingeschätzt werden. So stellte sich etwa heraus, dass der Tabakanbau in den afrikanischen Tropen ein wichtiger Verursacher der Tropenwaldzerstörung ist. (Einschränkend muss jedoch gesagt werden, dass es sich hier in erster Linie um den Miombowaldbestand und nicht um den tropischen Regenwald handelt. Das heißt, wir befinden uns bei diesem Raumbeispiel bereits in den deutlich wechselfeuchten Tropen.)

Am Beispiel des Tabakanbaus lässt sich sehr gut **die Doppelgesichtigkeit der Plantagenwirtschaft** zeigen – ökonomischer Fortschritt einerseits, ökologische Bedrohung andererseits.

Seit der Beseitigung der Kolonialreiche verlagerte sich die Tabakproduktion aus Nordamerika in die Entwicklungs- und Schwellenländer, in denen heute etwa 80 % des Tabaks produziert werden. Natürlich werden die Wälder heute auch durch das rasche Bevölkerungswachstum und die damit einher gehende Landkultivierung samt verstärktem Brennholzeinschlag zerstört. Jedoch zeigt sich eindeutig eine stärkere jährliche Schwundrate in den Ländern mit Tabakanbau. In erster Linie sind es die Großfarmen, die Anbauflächen aber auch Holz für das Trocknen der Pflanzen benötigen. Etwa 3–6 kg Holz sind nötig um 1 kg Tabak nach modernen Verfahren zu trocknen. Realistische Einschätzungen gehen von höheren Werten des Holzverbrauchs aus. Neben der Waldzerstörung muss noch beachtet werden, dass die Tabakpflanze zwar geringe Nährstoffansprüche stellt, ihre Wuchsform als Krautpflanze und ihre Anbaudichte aber das natürliche Ökosystem nicht nachahmen und sie somit der Erosion Vorschub leistet.

Ein positiver Effekt dieser Plantagen ist die hohe Arbeitsintensität aufgrund vieler manuell zu verrichtender Arbeitsschritte und damit die Bereitstellung zahlreicher Arbeitsplätze. Außerdem sind mit der Tabakproduktion nach wie vor sehr hohe Gewinnspannen auf dem Weltmarkt zu erzielen.

2.7 Landnutzung in Brasilien

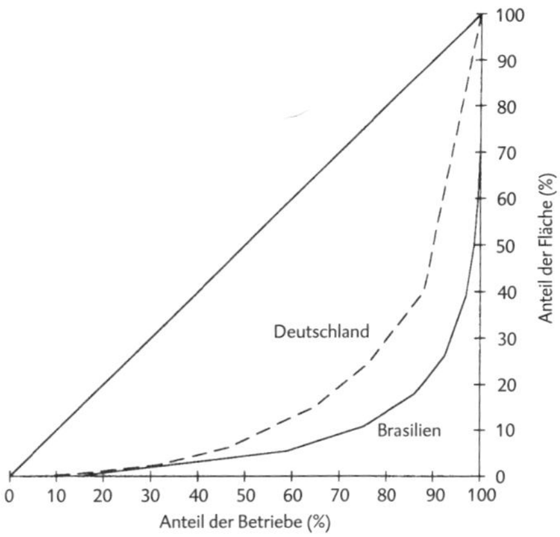

Die Landnutzung in Brasilien wird von den naturgegebenen Faktoren entscheidend bestimmt, genau so bedeutend sind jedoch auch die strukturellen Faktoren wie Besitzgrößen, Kapitalaustattung, Flächen- und Arbeitsproduktivität, Kooperativenzugehörigkeit, Zugang zu Absatzmärkten und dergleichen mehr. Augenfällig ist die Konzentration des Landbesitzes in den Händen weniger Großgrundbesitzer: 3 % der Landeigner besitzen rund 61 % der Fläche **(Latifundien)**. Dem stehen etwa 76 % der Betriebe gegenüber, die nur über insgesamt ca. 11 % der agrarisch genutzten Fläche verfügen. Die offizielle brasilianische Statistik bezeichnet 60 % aller landwirtschaftlichen Güter als **Minifundien**, die zu klein sind um eine Familie zu ernähren.

Ursache dieser Besitzstruktur sind die kolonialzeitlichen Entscheidungen der portugiesischen Krone, das brasilianische Land zur Bewirtschaftung an kapitalkräftige Privatleute zu vergeben, die dieses auf Zeit gegen einen an die Krone abzuliefernden „Zehnt“ bewirtschaften mussten. Hieraus entstanden in der Regel großflächige, **exportorientierte Plantagenbetriebe** (Kaffee!). Daneben entwickelte sich ein Kleinbauerntum, das nahrungsmittelorientiert produzierte, aber in der Regel keine Landbesitztitel besaß. Nach der Unabhängigkeit Brasiliens 1822 bestätigte ein Landgesetz den Großgrundbesitzern ihr Land, die restliche Fläche wurde zum Staatsbesitz erklärt, die nur gegen Kauf erworben werden konnte, sodass die ärmere Bevölkerung nur in Ausnahmen zu Landbesitz kam. Auf diese Weise konnten die Plantagenbetriebe stets billige Arbeitskräfte in großer Zahl von den überbesetzten Minifundien abziehen. Das Nebeneinander von Mini- und Latifundien ist heute noch am stärksten im Nordosten Brasiliens erhalten.

In den 50er- und 60er-Jahren des 20. Jahrhunderts wurden Forderungen nach einer Agrar- und Bodenbesitzreform laut. Die Militärregierungen setzten schließlich eine Modernisierung der Landwirtschaft in Gang, die jedoch nur die groß strukturierten Betriebe nutzen konnten. Mittels Kreditvergaben, Subventionen, Steuervergünstigungen und dergleichen wurde die Intensivierung, Mechanisierung und die Verflechtung mit dem agroindustriellen Sektor gefördert. Die Bemessungsgrundlage für die genannten Unterstützungen war meist die Fläche der Betriebe. Neue Technologien rentierten sich erst bei entsprechend großen Nutzungsarealen und führten schließlich insbesondere bei Exportprodukten zu Ertragssteigerungen. Kleinbetriebe sind bei gleichen Anbauprodukten nicht mehr konkurrenzfähig.

Agrarproduktion in Brasilien (in 1000 t)[2]

	1979	1986	1991
Baumwolle	1 636	2 198	2 038
Reis (Paddy)	7 595	10 405	9 496
Kartoffeln (zwei Ernten)	2 154	1 834	1 892
Kakao (Bohnen)	309	460	320
Kaffee (Bohnen)	2 666	810	3 051
Zuckerrohr	138 899	238 493	260 839

2 © S. Schacht, Geographisches Institut der RWTH Aachen

	1979	1986	1991
Bohnen (zwei Ernten)	2 186	2 219	2 496
Maniok	24 962	25 556	24 531
Mais (zwei Ernten)	16 306	20 541	23 739
Sojabohnen	10 240	13 335	14 938
Weizen	2 929	5 638	2 921

Brasilien ist heute führender Exporteur bei Kaffee und Orangen sowie der zweitgrößte bei Soja und Zucker!

Wegen des geringen Arbeitskräftebedarfes in den mechanisierten und spezialisierten Großbetrieben für Export- (z.B. Soja, Zitrusfrüchte) bzw. Industrieprodukte (Zuckerrohr zur Alkoholherstellung) und wegen der Unterbeschäftigung durch den Überbesatz in den Kleinbetrieben setzte in den 60er-Jahren eine starke **Wanderbewegung in die Städte**, insbesondere in die des dynamischen Südostens ein.

Der Forderung der landlosen Bevölkerung nach Vergabe von Landrechten kamen die Regierungen nur zögernd nach, vielmehr versuchten sie durch **Kolonisierung peripherer, ungenutzter Räume** ein Ventil für die ländliche Bevölkerung zu schaffen und den Druck auf die Städte zu mindern. Seit Mitte der 60er-Jahre wird versucht, landlose ländliche Bevölkerung in erster Linie aus dem Nordosten Brasiliens in die Regenwaldgebiete Amazoniens zu lenken. Die Erschließung dieses Großraumes durch das Straßennetz der **Transamazonica** war als infrastrukturelle Basis gedacht um die Besiedlung eines Entlastungsraumes in die Wege zu leiten (Brasilien hatte 1950 ca. 52 Mio. Einwohner, 1996 ca. 157 Mio.!). Bis 1980 sollten längs der Transamazonica in einem 10 km tiefen Landstreifen und in ländlichen Siedlungen etwa 5 Millionen Menschen angesiedelt werden. Heute existieren in etwa 10 000 Siedlerstellen. Als Gründe für dieses Planungsdesaster werden das Fehlen versprochener Infrastruktureinrichtungen (z.B. Energie- und soziale Einrichtungen), mangelhafte oder fehlende Beratung, wirtschaftlicher Misserfolg der Angeworbenen, keine Kooperativen, schlechte Absatzchancen und vor allem die nicht ausreichenden Anbauerträge angeführt. Auf ca. 100 ha großen Parzellen längs der Straßen betrieben die Siedler den ihnen vertrauten permanenten Subsistenzanbau, was zur Folge hatte, dass die Bodenfruchtbarkeit sehr rasch absank, die Erträge fielen, die Siedler weiterzogen und sich in der Regel in größeren Städten niederließen.

3 Landwirtschaft in den wechselfeuchten Tropen

Mit zunehmender Entfernung zum äquatornahen Tropenraum, mit sinkenden Jahresniederschlägen, mit zunehmender Verkürzung der Regenzeit und der Ausdehnung der ariden Trockenzeit verändert sich die natürliche Vegetation über **Feucht-**, **Trocken-**, **Dornsavanne** bis hin zum **Halbwüsten**rand der **Wendekreiswüsten**.

In den Feuchtsavannen ähneln die Nutzungsysteme noch denen der vollhumiden Tropen. Jedoch nehmen intensivere Anbauformen zu. Regenfeldbauflächen dominieren jetzt die Landschaft. In der Trockensavanne wird verstärkt Viehhaltung betrieben, die in der Dornsavanne und der Halbwüste dann vorherrscht. Je trockener die Regionen wird desto vielfältiger werden die Formen der Bewässerung.

Als Beispiel zur Veranschaulichung der wechselfeuchten Tropen soll Nordafrika herangezogen werden. Die Hauptlandschaftszonen dieses Übergangsgebiets sind **Sudan** und **Sahel**. Diesem Übergang entsprechend bildeten sich verstärkt bäuerliche Mischbetriebe mit Ackerbau und Viehhaltung heraus. Anstelle der in den inneren Tropen üblichen Wurzel- und Knollenfrüchte sowie der Kochbananen werden hier Hirse und verwandte Getreidesorten sowie Erdnüsse als Grundnahrungsmittel angebaut, die an die trockenen klimatischen Bedingungen besser angepasst sind.

3.1 Probleme des Ackerbaus

Viele Völker der Sudanzone sind Ackerbauern, die zusätzlich Vieh halten; erst in der Sahelzone tritt der halb- bzw. vollnomadische Aspekt bei der Viehhaltung hervor.

Die Gebiete von denen hier die Rede ist liegen in einem Raum, der im Süden etwa von der 800 mm- und im Norden von der 250 mm-Jahresniederschlagsisolinie begrenzt wird. Nimmt man als südliche Begrenzung die 600 mm-Isohyete hat man in etwa den Sahel abgegrenzt (entsprechendes gilt für die Südhalbkugel und natürlich nicht nur für den afrikanischen Kontinent, sondern für alle Landregionen die sich beiderseits der äquatornahen Innertropen erstrecken). Die Anbaugrenze des sicheren **Regenfeldbaus (agronomische Trockengrenze)** wird in Afrika bei ca. 600 mm Jahresniederschlag angesetzt: hier halten sich Niederschlag und potenzielle Verdunstung die Waage.

Die geringen Niederschläge allein – zudem eingegrenzt auf die Sommermonate – reichen jedoch nicht zur Beschreibung der schwierigen Anbaubedingungen aus. Viel aussagekräftiger für die landwirtschaftliche Inwertsetzung sind die Angaben über die **Dürrewahrscheinlichkeit** eines Raumes. Dabei ergibt sich folgende Regel: stimmt die Anzahl der ariden Monate mit der der humiden überein, bzw. übertrifft die Zahl der humiden Monate die der ariden, ist praktisch nie mit Dürregefahr zu rechnen (Dürren liegen dann vor, wenn der natürliche Regenzeitniederschlag nicht zur vollen Ausreifung der Anbaupflanzen ausreicht und deutliche Ernteeinbußen auftreten). Mit zunehmender Anzahl der ariden Monate steigt nun die jährliche Dürrewahrscheinlichkeit! Maximal (100 %) wird sie, wenn der Bereich der Wüsten erreicht ist. Besonders gefährdet sind also Trockenräume mit 8 bis 10 ariden Monaten, die ackerbaulich genutzt werden wie es z. B. für den Sahel in Afrika der Fall ist. Die **Variabilität** der jährlichen Niederschläge drückt diesen Sachverhalt sehr anschaulich aus.

Variabilität des langjährigen Niederschlags in Niamey

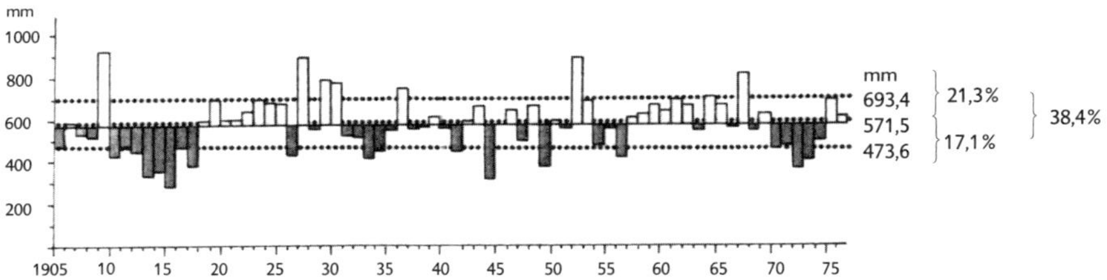

Mittl. jährl. Niederschlag: 571,5 mm
Mittl. Abweichung n. oben: 121,9 mm = 21,3 %
Mittl. Abweichung n. unten: 97,9 mm = 17,1 %
Mittl. Schwankung: 219,8 mm = 38,4 %
Mittl. Variabilität: 109,9 mm = 19,2 %

Bei dieser westafrikanischen Station können Feuchteperioden und Dürrephasen deutlich unterschieden werden, wobei die Variabilität in der prozentualen mittleren Abweichung vom langjährigen Jahresniederschlagsmittel angegeben wird. Diese jährliche Variabilität geht u. U. mit einer großen räumlichen Schwankung der Niederschläge einher.

Niederschlagsverteilungen in West-Niger in Feucht- und Trockenjahren

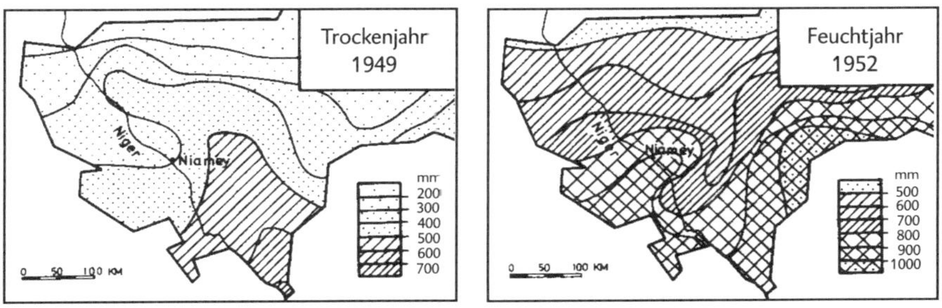

Da diese Verhältnisse natürlich auftreten sind sie den Ackerbauern und Viehhaltern solcher Regionen bestens vertraut. Die Tragfähigkeit dieser Räume wird im traditionellen Nutzungsverhalten entsprechend gering eingestuft.

Unberührte Trockengebiete überstehen Dürrephasen normalerweise ohne Zerstörung ihrer Ökosysteme, da sie sich in Dürren auf ihre Gunsträume zurückziehen und in feuchten Jahren mittels Samenflug ihrer Vegetation schnell wieder die ungünstigeren Standorte zurückgewinnen, dadurch natürlichen Schwankungen gegenüber recht stabil sind. Traditionelle Nutzungen kombinieren deshalb die mobilere Viehhaltung mit der Landbestellung, aber auch der Ackerbau zeigt entsprechende Anpassungen.

Grundprinzipien autochthoner, standortgerechter Landwirtschaft sind **Diversifizierung** des Anbaus und vielfältige, flexible **Anpassung an die Standorte** bei einem „Ecofarming"-ähnlichen **Verbundsystem.**

Ein **Beispiel** soll dies verdeutlichen: Die Ethnie der **Serer** in der Republik Senegal entwickelte in einer Region relativ schlechter Sandböden bei hoher Niederschlagsvariabilität (500–750 mm) ein Nutzungssystem, das es erlaubt die Basisfrüchte Hirse und Erdnuss bodenschonend zu produzieren. Es werden folgende Aspekte berücksichtigt:

- Verzahnung von Ackerbau, Rinderhaltung und Pflege von Acacia albida-Baumbeständen,
- Benutzung des umgekehrten Vegetationszyklus bei Acacia albida: Bei Regenzeitbeginn wirft der Baum sein Laub ab, das die Felder für Hirse und Erdnuss der nun beginnenden Pflanzperiode düngt,
- in der Trockenzeit treibt Acacia albida Blätter und liefert Schatten, ab März in der trocken-heißen Jahreszeit liefern die Fruchtschoten und abgeschlagene Zweige wertvolles Zusatzfutter für die Rinder,
- 50 Bäume/ha ersetzen eine mineralische Volldüngung,
- das regelmäßige Verlegen der Viehkrale ermöglicht die organische Düngung des Anbauareals eines Dorfes.

So konnten um die Dörfer ringförmig Nutzungszonen entstehen, wobei der äußerste Ring in Zeiten, in denen es keinen Landmangel gab, einen extensiven Anbau mit Brachejahren ermöglichte.

Dieses Beispiel aus der afrikanischen Trockensavanne genügt, um zu zeigen wie lokal angepasste Arbeitstechniken und Anbaumethoden unter den natürlichen Gegebenheiten eine hohe **Nutzungflexibilität** erzielen und das Dürrerisiko minimieren. Vorrangiges Ziel der landwirtschaftlichen Produktion ist die Selbstversorgung mit Getreide, das abgesehen von diesen zusätzlichen Techniken normalerweise in Feld-Brache-Wechselwirtschaft angebaut wird. Heute jedoch ist die Landwirtschaft in vielen Sahelländern mit den Grundproblemen Bevölkerungswachstum, zurückgehende Landreserven und unzureichende Nahrungsmittelproduktion konfrontiert.

3.2 Formen und Probleme der Weidewirtschaft

Wenn auch in den Feuchtsavannen des Sudan der Ackerbau noch eindeutig vorherrscht treten hier bereits die ersten Viehhalter auf, da aufgrund des locker werdenden Vegetationsbestands die Tse-tse-Fliege ungünstigere Lebensbedingungen vorfindet und die Gefahr der tödlichen Naganakrankheit für das Vieh sinkt. Ab der Trockensavanne stehen Ackerbau und Viehhaltung gleichberechtigt nebeneinander und spätestens ab der Dornbuschsavanne des Sahels dominiert die Weidewirtschaft bei den althergebrachten Wirtschaftsweisen. Innerhalb der Weidewirtschaft muss man zwischen **Voll- und Halbnomadismus** unterscheiden.

Kamelnomaden in der Sahara

Beim reinem Vollnomadismus steht im Mittelpunkt des Lebens die Viehhaltung. Vieh ist Besitz der Familie und/oder des Clans ebenso wie die Weidegründe und Wasserstellen. Nomaden beherrschten früher auch den Transsaharahandel, der heute nahezu keine Rolle mehr spielt. Häufiger als Vollnomadismus kommen Übergangsformen zum Halbnomadismus vor. Während bei Vollnomaden die gesamte Familie die Weidewanderungen mitmacht, sind bei den Halbnomaden nur Familienteile an den Wanderungen beteiligt. Die anderen Familienmitglieder bleiben meist an festen Siedlungsplätzen und betreiben dort in der Regel Feldbau. Es gibt auch die Möglichkeit eigenes Vieh bei den Herden fremder oder befreundeter Hirten „einzustellen“. Wanderungszeiten können unterschiedlich lang dauern, allerdings liegt ihnen oft ein saisonales Prinzip zugrunde.

Charakteristika traditioneller nomadisierender Wirtschaftsweisen:

- Die Wanderungen richten sich nach dem saisonalen Regen- bzw. Trockenzeitverlauf und dem resultierenden Angebot an Weidevegetation; im Sahel sind dies winterliche Süd- und sommerliche Nordwanderungen, wobei die Regenzeitwanderungen der Vollnomaden bis weit an den Wüstenrand reichten (vgl. Alexander Weltatlas, S. 117, Karte I).
- Bei den im Südsahel stärker halbnomadisch ausgerichteten Stämmen existierte eine Symbiose mit den Ackerbauern insofern, als in der Trockenzeit die Stoppelfelder als Trockenweide benutzt wurden und im Gegenzug dafür der Viehmist als Dung diente (siehe Dierecke Weltatlas, S. 130, Karte Nr. 2).
- Je trockener die Weideregionen war, desto größer war der Anteil an Kamelen und Ziegen, die weniger Wasser benötigen und geringere Ansprüche an die Weidepflanzen stellen; je südlicher und feuchter die Weidegebiete waren, um so höher war der Rinder- und Schafanteil.
- Die maximale Kopfzahl der Viehbestände war vom Vorhandensein sicherer Wasserstellen abhängig, die von Hand betrieben wurden (Arbeitsaufwand).
- Obwohl die Tiere auch vereinzelt verkauft oder zur Eigenverwendung geschlachtet wurden, waren sie in erster Linie Nahrungsmittellieferanten (Milch etc.) und ein Reservoir für Notzeiten, insbesondere Dürren.
- In „guten“ Jahren wurde versucht die Herde aufzustocken, um bei Gefahren wie Krankheitsepidemien und Dürren eine größere Reserve zu besitzen.
- Traditionell war die Viehhaltung prestigeorientiert: große Herden bedeuteten höheres Ansehen.

Insgesamt stellte das nomadische Viehhalten ein wenig ertragreiches, aber aufgrund seiner hohen Mobilität und Flexibilität an die labilen Naturbedingungen gut angepasstes Subsistenzsystem dar.

3.3 Eingriffe in die tradtitionellen Nutzungssysteme und das Problem der Desertifikation

Veränderungen in den demographischen Bedingungen führten in Zusammenwirkung mit ökonomischen und ökologischen Faktoren in den 70er- und 80er-Jahren zum Kollaps des sahelischen Wirtschafts- und Naturgefüges. In den meisten Sahelstaaten lag das jährliche Bevölkerungswachstum zwischen 1950 und 1970 im Bereich von 3,5 bis 4,5 %. Von 1970 bis 1986 sank es auf durchschittlich 2 bis 3,5 %. Die Einwohnerzahlen stiegen im betrachteten Gesamtzeitraum etwa auf das Dreifache des Startwertes von 1950!

Während dieser Jahrzehnte fanden in der Landwirtschaft gravierende Eingriffe statt, die sich oft als nicht angepasst an das bestehende Ökosystem herausstellten, jedoch durch das Bevölkerungswachstum zumindest teilweise erzwungen wurden:

Eingiffe	Gefährdung
Ausdehnung des Regenfeldbaus über die 500 mm Jahresisohyete hinaus in den Bereich alter Dünensande Entfernung der existierenden Savannenvegetation bis auf die Bäume Anbau von Getreide bis zur Bodenerschöpfung danach 10–20 Jahre Brache	hohe Erosionsgefährdung bei Verkürzung der Brachzeiten Abtragung des fruchtbaren Oberbodens Skelettierung, irreversible Krustenbildungen
Forcierung des exportorientierten Feldfruchtanbaus (Erdnüsse, Baumwolle, sowie binnenmarktorientiert Hirse und Sesam) durch gebietsfremde Unternehmer (z. B. aus Städten) Monokulturen mit Mechanisierung und Chemieeinsatz	Mechanisierung bewirkt unter den herrschenden klimatischen Bedingungen weitaus stärkere Erosion als der Hackbau traditioneller Art
verstärkte Nutzung der Flussniederungen mit feuchteren Lehmböden für cash-crops damit Verdrängung des Hirseanbaus auf die sandigeren Umlandzonen	verstärkte Erosion Verdrängung der Nomaden von ihren angestammten sommerlichen Trockenweiden Überweidung der umliegenden Weiden

Eine weitere Folge des Bevölkerungswachstums war angesichts des Mangels an fossilen Brennstoffen die starke Zunahme des Brenn- und Nutzholzeinschlags, die zur **Entwaldung der Savannen** erheblich beitrug.

Parallel zur Bevölkerungszunahme stiegen die **Großviehzahlen** stark an, von 1950 bis 1970 verdoppelten sich in der Regel die Bestände, die Hektarfläche pro Kopf Großvieh verringerte sich entsprechend. Zwei Bereiche menschlicher Eingriffe sind für dieses Wachstum verantwortlich. Zum einen führten Maßnahmen zur Seuchenbekämpfung bei den Viehbeständen zu einer starken Zunahme der Herden zum anderen erschloss der Bau zahlreicher motorisierter Tiefbrunnen neue Gebiete und führte langfristig zur Überweidung im Umfeld der Brunnen.

Letztgenannter Aspekt muss auch unter dem Gesichtspunkt der **Sesshaftmachung** der Nomaden gesehen werden, da die Regierungen der Sahelstaaten die wandernden Bevölkerungsgruppen wegen ihrer Mobiltät über Staatsgrenzen hinweg und ihres ausgeprägten Clanbewusstseins eher misstrauisch beobachteten, und darauf drangen, sie besser kontrollieren zu können.

Solange die Niederschlagsverhältnisse sich günstig gestalteten blieb der beschriebene ackerbauliche und weidewirtschaftliche Raubbau latent. Mit Beginn der klimatischen Dürre Ende der 60er-Jahre trat die **Überlastung des Ökosystems** zu Tage und verschärfte sich massiv in den folgenden Trockenjahren.

Wegen der geringen Niederschläge kam es kaum zu Vegetationsausbildung auf den Naturweiden, die Regenfeldbauareale und auch die Bewässerungsmöglichkeiten waren eingeschränkt. Dies hatte starke Ertragseinbußen bei der Getreideerzeugung zur Folge.

Die natürlichen Wasserquellen der Nomaden begannen zu versiegen, eine Konzentration um die relativ sicheren Tiefbrunnen setzte ein und führte zu massivem Überbesatz der umliegenden Weiden und endgültiger Vegetationszerstörung. Vielerorts trat die paradoxe Situation auf, dass die Tiere nicht zuwenig Wasser hatten, sondern wegen Futtermangels verhungerten.

Bei der Ackerbau treibenden Bevölkerung führten die zwangsweise Aufgabe von Anbauland und die insgesamt viel zu geringen Erträge zu Hungerkatastrophen, die sich in den 80er-Jahren wiederholten.

Offensichtlich ist: die natürlichen Dürren wurden erst durch die menschlichen Veränderungen im Ökosystem „Sahel" zu Katastrophen. Es wurde ein Prozess eingeleitet, der als **„Desertifikation"**[3] bezeichnet wird und zu einer menschenverursachten Verwüstung weiter Landstriche führte **(„man-made-desert")**. Im weiteren Sinne umfasst dieser Prozess auch die sozioökonomischen Folgen dieser Naturverwüstung. Die folgende Abbildung fasst natürliches Ökosystem, Eingriffe und Folgen schematisch zusammen.

3 Desertifikation umfasst nicht nur Bodenausblasung, -abschwemmung und -skelettierung aufgrund oben beschriebener Vorgänge, sondern z. B. auch die Bodenversalzung und -alkalisierung wie sie bei falsch ausgeführter Bewässerungswirtschaft eintreten kann.

Desertifikationsschema

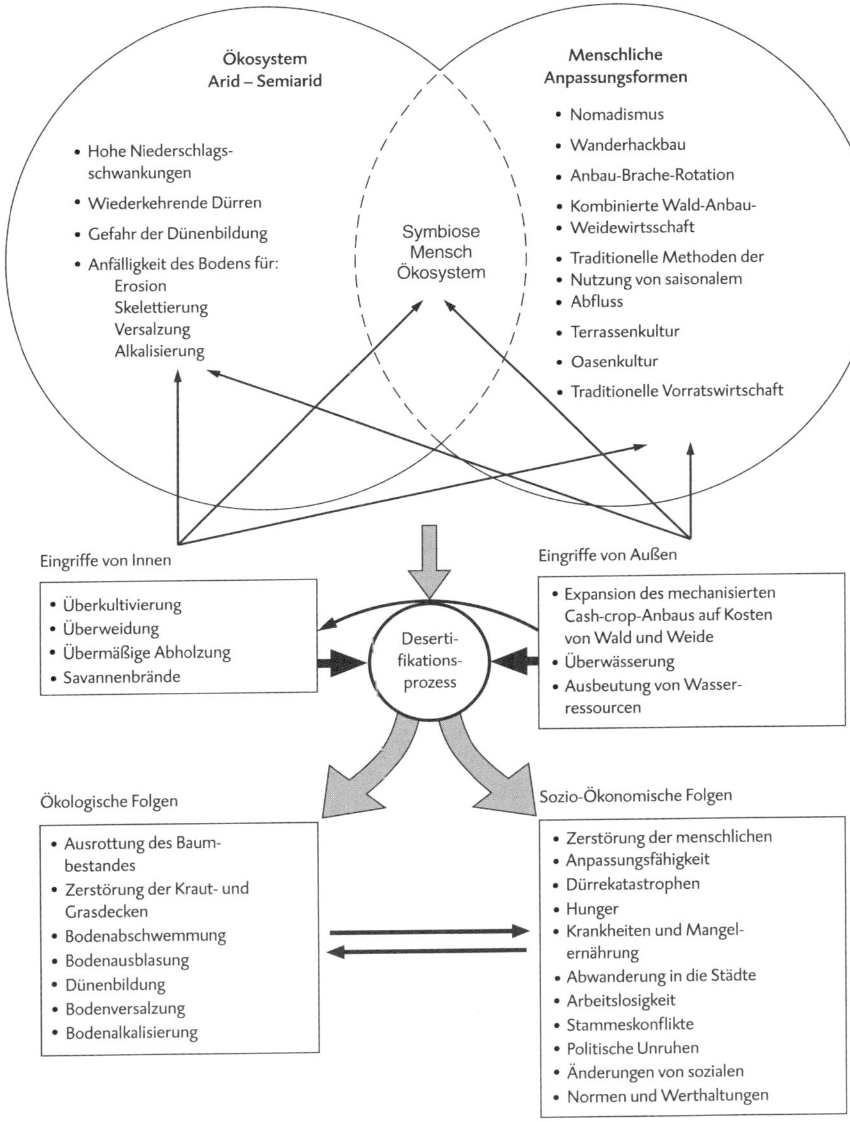

Nach dem Ende der zweiten Saheldürre in den 80er-Jahren wurden u. a. mithilfe europäischer Entwicklungshilfegesellschaften Projekte ins Leben gerufen, die verwüstete Areale restaurieren und der ackerbaulichen Nutzung wieder zuführen sollten. Bei einem derartigen Projekt in S-W-Niger sollten Plateauflächen saniert werden, die in den 60er-Jahren als Buschweide für Viehherden dienten und die in Folge der Überweidung, der Dürren und der exzessiven Brennholzgewinnung vollständig vegetationslos geworden waren und deren Oberflächen deswegen teilweise aus freigelegten verhärteten Lateritkrusten bestehen. In den Regenzeiten erfolgte wegen der geringen Wasserspeicherfähigkeit eine hohe Wasserzufuhr in die Vorfluter, deren breite Talsandauen, die als wichtige Hirseanbauflächen benutzt werden, dadurch stark erosionsbedroht sind.

Die Desertifikationsbekämpfung erfolgte in einer Kombination aus mechanischen und forstlichen Maßnahmen an den Hängen der Plateaus, die später auch zusätzliche Anbauflächen für Ackerbau liefern sollten. Es werden isohypsenparallel Gräben und Lehmwälle mit Steinbefestigungen so angelegt, dass in diesen so genannten **Bankettenfeldern** hangabwärts Feinsedimente angereichert werden, die bereits nach einer Regenzeit als Hirsefelder genutzt werden können.

Bankettenfeld auf degradierter Plateaufläche (Regioalentwicklungsprojekt Tahoua / Niger)

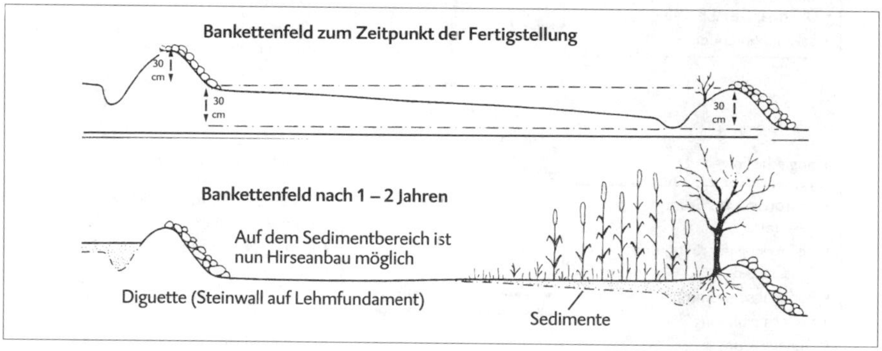

Die folgende Tabelle zeigt zusammenfassend die starke **weltweite Verbreitung der Desertifikation** in den Trockengebieten der Erde. Deutlich erkennbar sind die gravierend hohen Prozentanteile gefährdeten Weide- und Regenfeldbaulands in den Entwicklungsländern Afrikas und Asiens mit hohem Anteil an ariden Klimaten.

Globale Verbreitung der Desertifikation in den Trockengebieten der Erde

Kontinent	Regenfeldbau Total Mio ha	Regenfeldbau Desertifikation Mio ha	%	Weideland Total Mio ha	Weideland Desertifikation Mio ha	%
Afrika	79,82	48,86	61	1 342,35	995,08	74
Asien	218,17	122,28	56	1 571,24	1 187,61	76
Süd-Amerika	21,35	6,64	31	390,90	297,75	76
Nord-Amerika	74,17	11,61	16	483,14	411,15	85
Australien	42,12	14,32	34	657,22	361,35	55
Europa	22,11	11,85	54	111,57	80,52	72

4 Bewässerungslandwirtschaft in den trockenen Randtropen und Subtropen

Klimatisches Charakteristikum dieser Landschaftszonen ist die **ganzjährige Aridität**. Zu diesem Großraum gehören der altweltliche Trockengürtel mit Nordafrika und dem Vorderen Orient, Teile des indischen Subkontinents und der südamerikanischen Trockendiagonale sowie die südlichen Randzonen Afrikas. Kernräume sind die großen Wüsten längs der Wendekreise, aber auch Lee-Lagen-Wüsten. Hinzu gehören natürlich auch die Süd- und Nordränder dieser Wüsten.

Stellvertretend sei die **Sahara** genannt. Mit Niederschlägen um 100 mm gibt es am Südrand – zumindest im langjährigen Mittel – noch andeutungsweise eine sommerliche „Regenzeit“. Am Nordrand tritt diese „statistische“ Regenzeit mit ähnlichen Niederschlagswerten im Winter auf. Trotzdem übersteigen die Verdunstungswerte stets die Niederschläge. Mit zunehmender Entfernung von der Wüste steigen die Niederschläge und somit erfolgt der Übergang in das südliche tropische bzw. nördliche subtropische semiaride Klima. Aufgrund dieser ganzjährigen Aridität in den Kernräumen konnte menschliches Wirtschaften und Überleben nur auf der Basis der **Bewässerungswirtschaft** erfolgen. Traditionell nennt man solche vom Wasser begünstigten Stellen inmitten der Wüsten und randlichen Wüstensteppen **Oasen**.

4.1 Die traditionelle Struktur der Oasen in der alten Welt

Die Gründe für das Vorkommen von Wasser und die Art der Wasserverwendung führte zu einer Klassifizierung der Oasen, die heute noch Verwendung findet. Zwar stammen die dargestellten Beispiele überwiegend aus dem saharischen Raum doch treffen die Wasserfördertechniken auf die meisten Oasen zu.

Oase in der Sahara

Gewonnen wird das Wasser aus:

- permanenten Fließgewässern durch die Ableitungsvorrichtungen Damm und Erdkanal (bekanntestes Beispiel dürften die **Fremdlingsflüsse** Nil, Euphrat, Tigris oder Indus sein, die lange Laufstrecken durch Wüsten zurücklegen und ausgeprägte Flussoasen hervorbrachten, deren Bewässerungsinfrastruktur im Gegensatz zu kleinen Wasserläufen heute aber sehr technisiert ist),
- den Hochwässern, die in Überflutungsarealen zeitweise (periodisch oder episodisch) zur Verfügung stehen,
- Quellen mit natürlichen Grundwasseraustritten meist am Hangfussbereich von Gebirgen,
- unter hydrostatischen Druck stehenden, so genannten artesischen Grundwasserkörpern, die meist in Becken liegen und die das Wasser beim Anbohren hochpressen,
- flachen Grundwasserwasserhorizonten, aus denen das Wasser über Brunnen gefördert wird,
- **Foggaras** (oder Quanate, Karez), in denen (mit Galeriestollen über kilometerlange Distanzen und Luftschächten bis an die Oberflächen für Einstiege zur Reparatur und Reinigung) ein hangaufwärts gelegener Grundwasserkörper angeschnitten wird und so das Wasser hangabwärts fließen lässt.

Querschnitt durch eine Foggara des Touat

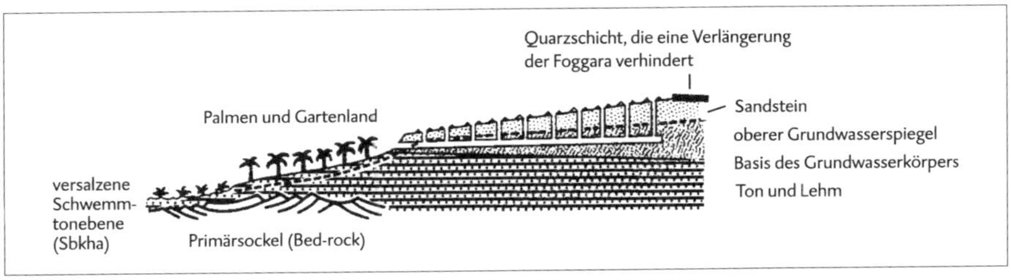

Eine Sonderform stellen diejenigen Oasen dar, in denen kein Wasser gefördert wird sondern in denen man sich in bestimmten Dünenbereichen durch Beseitigen von Sand bis in mehrere Meter Tiefe so nahe an den Grundwasserhorizont gräbt, dass die Pflanzen gewissermaßen mit den Wurzeln ins Wasser gesetzt werden.

Die bisherige Beschreibung der Oasen gibt das traditionelle Bild wieder, wie es sich noch bis in die 50er-Jahre darbot. Die war Oase ein in sich geschlossenes Wirtschafts- und Sozialsystem, dessen Produkte in erster Linie zur Selbstversorgung der Oasenbewohner dienten. Allerdings waren sie auch wichtige Relaisstationen im transsaharischen Karawanenverkehr und Handel und unterhielten bedeutende Wirtschaftsbeziehungen zu den Nomaden der Wüste. Die Landwirtschaft war auf Pflanzenproduktion ausgerichtet, wobei **Datteln** den eindeutigen Schwerpunkt bildeten, die bei den Einheimischen ein Grundnahrungsmittel waren. Der Dattelhain war und ist auch heute noch ein dominierender Bestandteil der Oasenflur, jedoch bildete sich allein schon wegen des sehr beschränkten Anbauareals der **Stockwerkanbau** heraus:

- erstes Stockwerk: Dattelpalmen,
- zweites Stockwerk: Fruchtbäume (Granatapfel, Feige, Mandel ...)
- drittes Stockwerk: Getreide, Futterpflanzen und diverse Gemüsepflanzen (Bohnen, Tomaten, Kartoffeln ...).

Das Wasser wurde über ein ausgeklügeltes Kanalsystem auf die Palmgärten verteilt, wobei die Schattenwirkung der Dattelpalme für die unteren Stockwerkspflanzen ein günstiges, strahlungsärmeres Mikroklima erzeugte und die typische Vielfalt der altweltlichen Oasen erst möglich machte.

4.2 Strukturwandel und aktuelle Tendenzen

Die zunehmende **Marginalisierung** der Oasen begann im Zuge ihrer Einbeziehung in die monetäre Wirtschaftsweise bereits während der Kolonialzeit bzw. verstärkt seit der Unabhängigkeit dieser Länder. Es zeigte sich, dass die Oasen erhebliche wirtschaftliche Nachteile aufwiesen und die oft schwärmerische Einschätzung ihrer besonders hohen agrarischen Leistungsfähigkeit nicht zutraf. In der Regel waren die Erträge der Pflanzen in den unteren Stockwerken gering, was auf zu geringe Lichtzufuhr, zu hohen Salzgehalt, zu feuchte Wuchsbedingungen und daraus resultierende Pilzkrankheiten zurückzuführen war. Auch traten Zweifel an der effektiven Verwendung des Wasserangebotes auf. Im Vergleich zu anderen Wirtschaftsräumen, mit denen der wirtschaftliche Austausch wuchs – und damit auch die Konkurrenz – gerieten die Oasen ins Hintertreffen und verloren zunehmend an Bedeutung.

Dies zeigt sich z. B. im **Niedergang des** von Nomaden beherrschten **transsaharischen Karawanenhandels** aber auch an den umfangreichen **Abwanderungen** in die Städte, da der Bevölkerungsdruck, bei zunächst konstant bleibenden Wasserreserven, immer mehr zunahm. Besonders Erdöl-Staaten und auch europäische Länder boten zusätzliche nichtlandwirtschftliche Arbeitsmöglichkeiten. Zudem führte ein verändertes Konsumverhalten zu einem Bedeutungsverlust der Dattelpalme.

Zunächst sah es nach einem Sterben der traditionellen Oasen aus: Teile der Oasenflur, in denen die Arbeitsbedingungen besonders aufwändig waren wurden aufgegeben und fielen brach. Wegen fehlender Arbeitskräfte wurden weniger Getreide- und Futterpflanzen angebaut und das Hauptaugenmerk auf die Erhaltung der produktiveren Baumkulturen gelegt. Da jedoch die jeweiligen Staaten begannen, Einfluss auf die Oasenwirtschaft zu nehmen und auch starke privatwirtschaftliche Maßnahmen erfolgten, muss heute die Situation der Oasen differenziert beurteilt werden.

Zur **Revolution in der Wasserversorgung** kam es als im Zuge der Erdölexploration viele bis in 2 000 Meter Tiefe vorkommende **Aquifere** (Grundwasserkörper) enormer Kapazität angebohrt wurden und nun mit leistungsfähigen Pumpen zutage gefördert wurden. Besonders in Algerien und Libyen wurden aufgrund dieser Pumpen umfangreiche neue und mitunter riesige Bewässerungsflächen angelegt, deren Standorte mit denen der klassischen Oasen kaum noch Gemeinsamkeiten aufweisen, da die beschriebenen topografischen Gegebenheiten (Wasserläufe, Beckenzonen) zur Wasserversorgung wegfallen. Vor allem der Getreide- und hier besonders der Weizenanbau wird staatlicherseits mit dem verstärkten Einsatz von mechanisierten Großberegnern vorangetrieben.

Ziel ist es von Nahrungsmittelimporten unabhängiger zu werden (Algerien könnte nach Hochrechnungen den Selbstversorgungsgrad bei Lebensmitteln auf 35 % steigern). Weiterhin werden auf diese Weise Anbauflächen neu geschaffen, die im mediterranen Küstenraum infolge von Industrialisierung und Verstädterung verloren gingen. Zusätzlich versucht man auch den Gemüseanbau in riesigen Gewächshäusern unter Einsatz von **Tröpfchenbewässerung** zu forcieren.

Mittlerweile werden solche als **„High-Tech-Oasen“** bezeichnete Areale wegen ihres hohen Aufwandes für Elektrizitätsversorgung, Maschinenparks und Vorratshallen nicht mehr als die großen Hoffnungsträger zum Abbau des chronischen Nahrungsmitteldefizites angesehen. Denn bei sinkenden Weltmarktpreisen für Erdöl sind die Kosten dieser Erschließungspolitik auf Dauer nicht zu bewältigen. Bei den Rentabilitätsberechnungen muss auch berücksichtigt werden, dass es sich hier um fossiles, praktisch nicht erneuerbares Wasser handelt, das nach abschätzbaren Zeiträumen nicht mehr zur Verfügung stehen wird. Trotzdem stellen die beschriebenen Prozesse in den Erdöl exportierenden Ländern wichtige Veränderungen dar, wenn auch die weitere landwirtschaftliche Erschließung der Wüste momentan stagniert.

Mindestens genauso wichtige Strukturveränderungen finden zur Zeit in den traditionellen Oasen und um sie herum statt. Zum einen wächst die Oasenbevölkerung deutlich an, zum anderen wird die oben beschriebene Arbeitsabwanderung von Oasenbewohnern von einem Rückwanderungsstrom überlagert, was zur Folge hat, dass **Remigranten** Ersparnisse in die Oasenwirtschaft investieren und entscheidende sozioökonomische Veränderungen einleiten, indem sie neue Produktionsausrichtungen (Gemüseproduktion und Viehhaltung für die Versorgung städtischer Märkte) initiierten.

Bedeutsam ist auch die **private Pumpbewässerung**, die vielerorts die klassische Kanalbewässerung ablöste und eine Flexibilisierung des Anbaus einleitete. Luzerne und andere Futterpflanzen zur Vieh- und Geflügelhaltung können wegen des permanenten Wasser- und Wärmeangebotes nun praktisch das ganze Jahr, Gemüse sinnvollerweise in der Nebensaison angebaut und mit hohem Gewinn in den Städten verkauft werden.

Parallel zu den Veränderungen in der Agrarwirtschaft laufen weitere **Industrialisierungs- und Tertiärisierungsprozesse** ab, die den Oasenraum stärker denn je verändern. Industrieprojekte, Bedeutungszunahme als Verwaltungsstandorte und Verkehrsknotenpunkte und wachsender Tourismus in den Oasen diversifizieren die Oasenwirtschaft beträchtlich, sodass das klassische Bauerntum mit den herkömmlichen Bewässerungs- und Besitzstrukturen stark zurückgedrängt wird. Die Dattelpalmenkulturen konzentrieren sich auf für den Export wichtige Sorten, die anderen Haine werden häufig zu Bauspekulationsland.

Die bisher angesprochenen Nutzungsproblematiken und -systeme ähneln sich im gesamten altweltlichen Trockengürtel. In der schon erwähnten **südamerikanischen Trockendiagonale von Peru bis Patagonien** können nach Nutzung und Entstehung drei verschiedene existierende Typen unterschieden werden.

Zum einen die **alten Oasen** der indianischen Hochkulturen (vom küstenfernen hochgelegenen Norden Chiles bis zu den Gebirgsoasen Nordwestargentiniens), die als wichtige Relaisstationen innerhalb dieser Reiche angelegt wurden. Sie wurden im 19. Jahrhundert zu Versorgungstützpunkten der bergbaulichen Erschließung. Mediterrane Nutzpflanzen, die die spanischen Eroberer mitgebracht hatten, verdrängten einheimische Anbausysteme. Heute stagniert ihre Entwicklung, sie sind nur noch für die lokale Versorgung relevant, die Bevölkerung wandert teilweise ab.

Zum zweiten die **neuen Oasen**, die aufgrund staatlicher Initiativen zwischen 1890 und 1930 um alte präkoloniale Siedlungskerne entstanden (Mendoza und die Rio-Negro-Region in Argentinien, Flussoasen im küstenahen Chile und Peru). Sie entwickelten auf der Basis von Staudämmen, Kanalsystemen und Tröpfchenbewässerung eine bedeutende exportorientierte Landwirtschaft: Gemüse, Agrumen, Weintrauben (inkl. Verarbeitung zu Weinbrand) und Blumen sind chilinische Erzeugnisse, die vor allem im Winter auf der Nordhalbkugel abgesetzt werden. In Argentinien werden neben Zuckerrohr im Norden besonders Agrumen, Obst (für den Export), Gemüse, Oliven und Wein im kühleren Süden angebaut. In Peru kann die Bedeutung der Bewässerung daran gemessen werden, dass auf ca. 25 % der gesamten Anbaufläche 45 % der landwirtschaftlichen Produktion erzeugt werden.

Darüber hinaus gibt es die kaum noch agrarisch geprägten Oasen, die heute vorrangig **bergbauliche und touristische Funktionen** übernommen haben.

4.3 Große Bewässerungslandschaften längs von Flüssen

Die Region des **Punjab**, Grenzgebiet zwischen Pakistan und Indien, stellt mit über 17 Mio. ha die größte Bewässerungslandschaft der Welt dar, die vom Indus und seinen vier großen Nebenflüssen gespeist wird. Gleichzeitig zeigt sich in diesem Gebiet die Problematik grenzübergreifender Wasserverteilung in der Dritten Welt.

In Afrika stellt beispielsweise das **Gezira/Manakilgebiet** neben der riesigen ägyptischen Flussoase ein bekanntes Bewässerungsgebiet für die Produktion von Cash-Crops und Nahrungsmittel dar. Jedoch soll im weiteren nur Ägypten exemplarisch besprochen werden.

Das Beispiel Ägypten

Ägypten eignet sich wie kaum ein anderes Land in der Welt dazu, die Diskrepanz zwischen Bevölkerungsentwicklung und beschränkten agrarischen Entwicklungsmöglichkeiten bei gleichzeitig hoher Bedeutung der Bewässerung aufzuzeigen. 1996 lebten ca. 55 % der Bevölkerung auf dem Lande, rund 33 % fanden ihren Erwerb in der Landwirtschaft, die auf einer agrarischen Nutzfläche von 3,5 % (!) des Staatsterritoriums ca. 60 Mio. Menschen zu ernähren versuchte (nach Fischer Weltalmanach 1999, Sp. 51 f.).

Schon in der Antike wird Ägypten als „Geschenk des Nils“ bezeichnet. Der Nil transportiert als klassischer **Fremdlingsfluss** Wasser aus innertropischen Räumen heran und leitet es durch die nördliche Zone der Wendekreiswüsten zum Mittelmeer. Er bzw. seine Quellflüsse durchqueren die Vegetationszonen des tropischen Regenwalds, das Monsungebiet Äthiopiens mit starken Sommerregen sowie die Feucht-, Trocken- und Dornbuschsavannen.

Nachfolgende Abbildung zeigt die jahreszeitliche Nilabflussschwankung bei Assuan, sowie die **hohe Saisonalität der Wasserführung**. Die Hochwasserwelle erreichte Assuan im August und dauerte bis Oktober an. Bemerkenswert sind die dargestellten Schwankungen im Abfluss, die je nach Trocken- oder Feuchtjahr entweder zu Wassermangel oder Überflutungskatastrophe führen konnte.

Saisonale und jährliche Schwankung des Nilabflusses bei Assuan

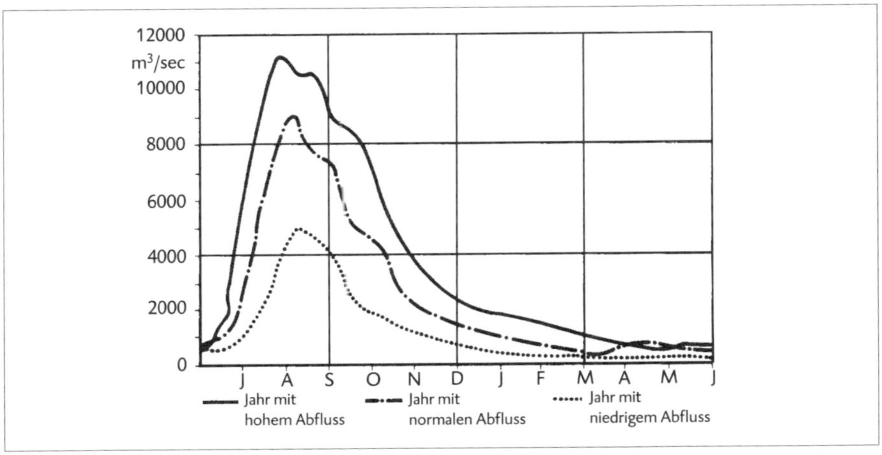

Schwankungen der Nilabflusses bei Assuan

	1964 hoher Abfluss	1924 normaler Abfluss	1941 niedriger Abfluss
September (Hochw.)	841	744	474
April (Niedrigw.)	89	59	65

Die Abhängigkeit vom Nilwasser bestimmte ganz wesentlich den Ernteerfolg der ägyptischen Fellachen (Bauern), die darauf geeignet reagieren mussten. Um das Nilwasserangebot besser ausnutzen zu können wurden bereits im 19. Jahrhundert kleinere Stauwehre gebaut und im Jahre 1902 der alte Assuanstaudamm errichtet. Dadurch konnte Wasser für die Zeit des Niedrigwasserstandes zu Bewässerungszwecken gespeichert werden. Die Hauptflutwelle wurde allerdings nicht erfasst.

Einwohnerzahl- und Ernteflächenentwicklung Ägyptens

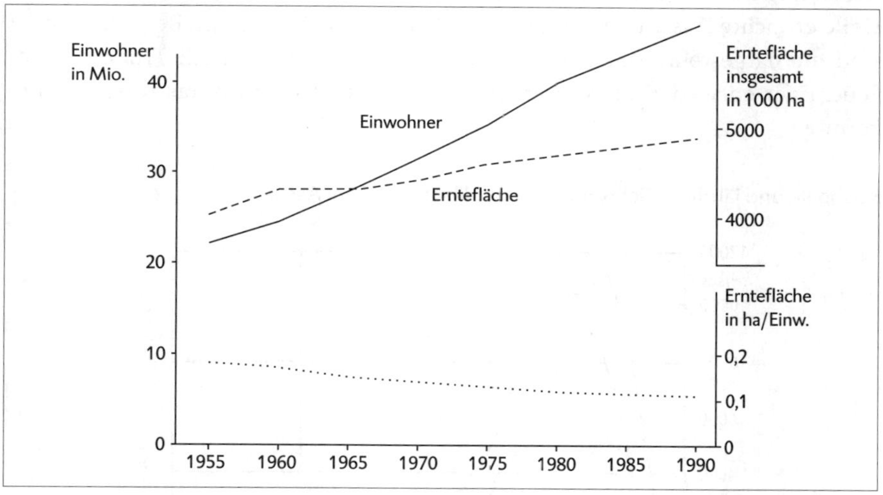

In obiger Abbildung kommt das Dilemma in dem sich Ägypten heute befindet deutlich zum Ausdruck: einerseits eine rapide Bevölkerungszunahme und andererseits keine wesentlich wachsende agrarische Nutzfläche, wenn auch die Erntefläche durch zunehmende Dauerbewässerung stetig ausgedehnt werden konnte. **Effektiv fiel aber die Erntefläche pro Kopf von rund 0,2 ha 1955 auf ca. 0,1 ha 1990**!

Durch den Bau des **Hochstaudamms von Assuan** (1960–1971) sollten nun die Wassermengen der Hochflutwelle gespeichert und der Bewässerung zugeführt werden. Neben der agrarischen Nutzung sollten auch industrielle und infrastrukturelle Impulse gesetzt werden. Als Folge des 111 m hohen Dammes entstand flussauf der knapp 600 km lange Nasser-See mit 5 500 km^2 Fläche.

Unmittelbare **landwirtschaftliche Ziele** waren u. a.:

- Verhindern von Überschwemmungen in der Hochwasserperiode und Bereitstellung von Bewässerungswasser in der Niedrigwasserphase,
- Schaffung eines ganzjährig verfügbaren Wasserangebots,
- Ausdehnung der Kulturfläche aus dem relativ engen Niltal heraus auf die angrenzenden Flächen der Wüste,
- mehrere Ernten durch ganzjährige Bewässerung,
- Steigerung der Nahrungsmittelproduktion durch Ertragssteigerung bei Bewässerung,
- Ausweitung des Reisanbaus für Exportzwecke und Ermöglichung von Binnenfischerei,
- Absenkung des Grundwasserspiegels für bessere Entwässerung unterhalb des Damms.

Weitere Zielsetzungen: Verbesserung und Intensivierung der Nilschifffahrt durch gleichmäßigere Wasserführung, Steigerung der Transportkapazität, Energieerzeugung zur Elektrifizierung und Verringerung der Ölimporte, Sicherung des erhöhten Trink- und Brauchwasserbedarfs (Industrie, Tourismus, private Haushalte).

Die **Vorteile der Dauerbewässerung** liegen auf der Hand: bei stets überdurchschnittlichem Wärmeangebot kann nun ganzjährig angebaut und 2- bis 3-mal geerntet werden, wobei zwischen Winter- (Bohnen, Linsen, Weizen, Alexandrinischer Klee für Viehhaltung u. a.) und Sommeranbau (Baumwolle, Sorghum, Mais, Gemüse u. a.) unterschieden wird. Auch Reis, Kartoffeln, Tomaten, Melonen, Zuckerrohr und -rüben, Apfelsinen und Datteln spielen noch eine wichtige Rolle im Anbauspektrum. Nur durch Dauerbewässerung und Anbaurotation konnte die Erntefläche deutlich gesteigert werden. Gemessen an der gesamten agrarischen Produktionsentwicklung hat die Nahrungsmittelerzeugung schnellere Fortschritte gemacht. Trotzdem ist die ägyptische Landwirtschaft nicht in der Lage die eigene Bevölkerung ausreichend mit Nahrungsmitteln zu versorgen.

Bevor noch auf andere Bestimmungsgrößen der agrarischen Produktion eingegangen wird, soll kurz die umstrittene Bedeutung des Assuan-Hochstaudamms dargestellt werden. Ein Ziel war u. a. die Ausweitung von bewässertem Kulturland. Die folgende Tabelle zeigt jedoch im Vergleich mit 1974 eine Verringerung der bewässerten Fläche. Dies hat verschiedene Gründe, die aber z. T. auf den Dammbau zurückzuführen sind.

Jahr	1974	1979	1984	1989
Bewässerte Fläche in 1 000 ha	2 843	2 447	2 493	2 585

Wichtigster Grund ist die zunehmende **Versalzung des Bodens**. Durch die Dauerbewässerung stieg der Grundwasserspiegel an, wodurch wegen der vorherrschenden Aridität und eines hohen Verdunstungssoges der kapillare Wasseranstieg verstärkt wurde. Damit reicherte sich Salz im Oberboden an, nicht salzresistente Pflanzen starben, Versumpfung erzeugte permanente Staunässe und bewirkte ebenfalls den Pflanzentod. Verstärkt wurde die Versalzung im alten, tiefer liegenden Kulturland wenn höher gelegene Neulandgebiete am Nilrand entstanden und deren stärker salzhaltiges Entwässerungswasser in das Grundwasser des Altlandes gelangte.

Die nachfolgende Abbildung zeigt die Versalzung von Bewässerungsarealen, wenn in Folge des Kapillaraufstieges salzreiches Wasser in den Wurzelbereich der Pflanzen gelangen und toxisch wirken kann. Gleichzeitig kann es zu einer Versumpfung dieser Gebiete kommen. Erst die Anlage von tieferen Entwässerungskanälen und die regelmäßige Durchspülung führt zur Beseitigung des Salzes und lässt das überschüssige Bewässerungswasser abfließen.

Versalzung und Gegenmaßnahmen bei Bewässerung in ariden Regionen

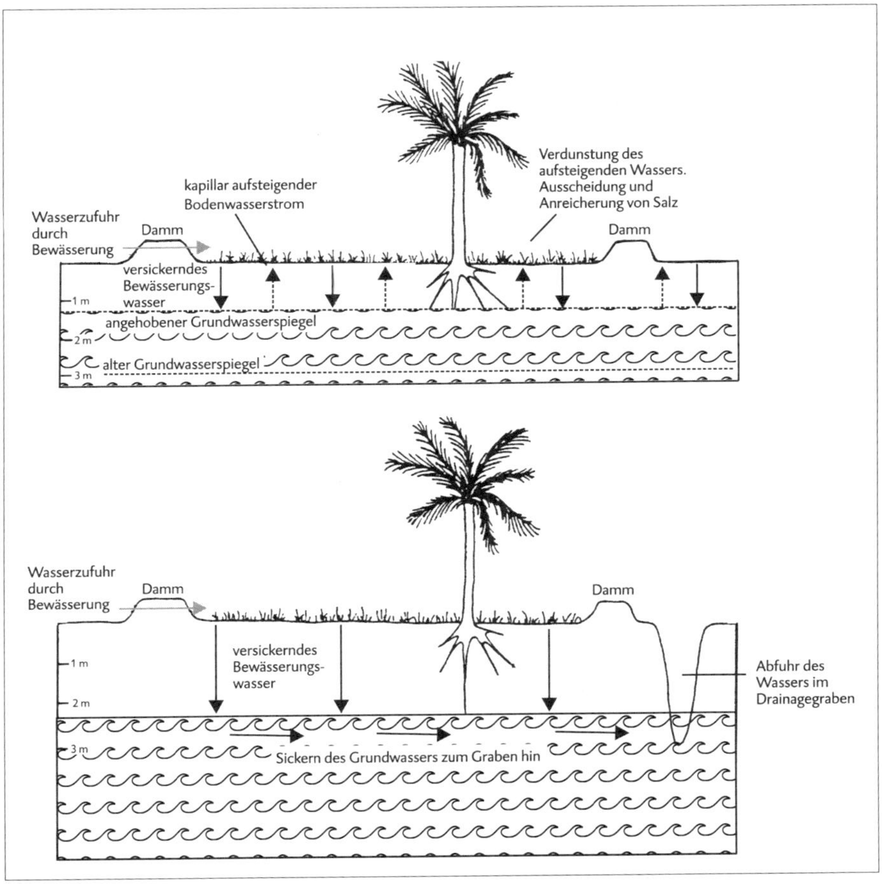

Vor dem Bau des Staudamms kam es durch die jährliche Flutwelle des Nils zu einer saisonalen Auswaschung der Salze, der Salzgehalt blieb im Toleranzbereich und der Grundwasserspiegel in stabiler Tiefe. Im Nildelta besitzt das Grundwasser jedoch mittlerweile 10-mal so hohe Salzwerte wie das Nilwasser, dessen Salzgehalt wegen der hohen Verdunstung über dem Stausee und durch das eingeleitete salzhaltige Drainagewasser ohnehin schon angestiegen ist. Die zur Entwässerung benötigten Drainagekanalsysteme sind bis heute nicht im benötigten Umfang fertiggestellt, sodass die Versalzungsschäden wahrscheinlich zum großen Teil nicht mehr beseitigt werden können. Der Verlust durch aufgegebene Flächen scheint damit die Neulandgewinnung mehr als aufzuzehren.

Weitere für die Ackerlandnutzung **schädliche Folgen** der nicht mehr eintretenden Nilhochwasserwelle sind:

- Verlust der natürlichen Düngung wegen fehlender Nilschlammablagerung, dadurch erhöhter Zwang zur Mineraldüngerverwendung,
- Versandung von Teilen des Niltals durch Akkumulation eingewehter Wüstensande,
- verstärkte Erosion der Flussufer und Dämme, da kein Ausgleich durch Schlammanlagerung.

Parallel zu diesen Prozessen findet eine allmähliche Sedimentation dieses fruchtbaren Schlammes im Nassersee statt!

Der hohe Bevölkerungsdruck veranlasste Ägypten neben der **Neulandgewinnung** an den Rändern des Nils und des Nildeltas auch noch zu Landgewinnung durch Trockenlegung von Lagunen im Bereich der Mittelmeerküste und zu Neulandgewinnung im Rahmen des so genannten „New-Valley-Projekts" (Oasendepressionen in Wüstenregionen westlich des Nils) durch Anzapfung tiefer Grundwasserkörper.

Da diese Landerschließungsmaßnahmen sich äußerst schwierig gestalten, liegt es nahe, Produktionssteigerungen über **Zunahme des Flächenertrags** einzuleiten. Die folgende Tabelle[4] gibt die Entwicklung der Erträge bei wichtigen Pflanzen in dt pro ha wieder.

Erzeugnis	1979/1981	1987	1991	
Mais	39,5	49,9	57,9	
Reis	57,1	58,3	72,8	
Weizen	31,9	47,2	48,2	
Sorghum	37,2	41,4	47,1	
Kartoffeln	174	221	211	
Tomaten	177	292	264	
Bohnen, grün	87	104	82	(für 1990)
Zuckerrüben	286	462	414	(für 1990)
Zuckerrohr	830	968	947	(für 1990)

(zum Vergleich: Erträge in Deutschland 1990: Weizen 66,2, Mais 68,1)

4 Nach Statistisches Bundesamt, Länderbericht Ägypten, 1993, S. 65 f.

Die Steigerung der Erträge bei ernährungswichtigen Getreidepflanzen erfolgte kontinuierlich über den gesamten Zeitraum und ist neben der Bewässerung vor allem auf den zunehmenden Einsatz von Kunstdünger zurückzuführen. Bemerkenswert sind die jüngsten Rückgänge bei Tomaten, Zuckerrüben und Zuckerrohr, die möglicherweise durch unsachgemäße Verwendung von Kunstdünger bzw. Versalzung begründet sind. Der **Handelsdüngerverbrauch** stieg von 350 000 (1972) über 700 000 (1981) auf 1 04 500 (1990) ebenfalls stetig an. Diese gestiegene Verwendung ist nicht nur auf den ausbleibenden Nilschlamm zurückzuführen, sondern auch auf eine gewollte Intensivierung der Landwirtschaft. Vor Inbetriebnahme des Damms lag der Verbrauch 1968 bei nur 280 000 Tonnen jährlich!

Das wichtigste agrarische Ausfuhrprodukt Ägyptens ist die **Baumwolle.** Noch 1990 betrug ihr Anteil am Export 13 % inkl. verarbeiteter Garne, sank aber auf 8 % 1992. Trotz der Wichtigkeit für den Export stagniert der Anbau von Baumwolle. Ursache sind die derzeit geringen Aufkaufpreise des ägyptischen Staates. Der Weltmarktverkauf der Baumwolle ist allerdings für die Finanzierung des Imports dringend benötigter Nahrungsmittel notwendig. Anfang der 90er-Jahre betrug der Anteil der Nahrungsmittel am Gesamtimport ca. 20–22 %! Eine Steigerung des Baumwollexports ist auch vor dem Hintergrund der chronisch defizitären Außenhandelsbilanz dringend geboten (1996: Importe: 19,5 Mio US-$, Exporte: 5,2 Mio. US-$)! Ägypten steht also vor dem Dilemma des konkurrierenden Nahrungsmittel- und cash-crop-Anbaus bei stagnierender Landnutzungsfläche.

Neben der schon genannten Steigerung beim Kunstdüngereinsatz ist die **Mechanisierung** eine weitere Intensivierungmaßnahme in der Landwirtschaft: von 1970 bis 1990 stieg die Mähdrescheranzahl auf knapp das Doppelte, die Schlepperanzahl auf das Dreifache an. Auch der Einsatz von Gewächshäusern steigt insbesondere bei der Gemüseproduktion in der Nebensaison. Diese Angaben zur Intensivierung müssen jedoch vor dem Hintergrund der **agrarsozialen Verhältnisse** differenziert gewertet werden. Vor der Revolution von 1952 durch Nasser befanden sich große Teile der ägyptischen Fellachen in **rentenkapitalistischen** Produktionsbedingungen: darunter versteht man ein Wirtschaftssystem in dem die Landeigentümer unter geringsten Investitionen aus der Verpachtung möglichst hohe Rendite erzielen wollen. Im extremsten Falle musste ein Landpächter für die 4 Produktionsfaktoren Boden, Wasser, Saatgut und Zugvieh/Gerät 80 % der Ernte an den Eigentümer entrichten, 20 % blieben ihm als Entlohnung seines Produktionsfaktors Arbeitskraft. Somit minimierten sich die Ernterisiken für den Verpächter, die meisten Pächter hingegen vegetierten am Rande des Existenzminimumus, waren häufig beim Verpächter verschuldet und die landwirtschaftliche Produktion stagnierte auf niedrigem Niveau.

Die folgende Abbildung zeigt die extrem ungleiche Landverteilung vor der Revolution. Ab 1960 griff die Bodenbesitzreform, der Großgrundbesitz wurde etwas eingedämmt, wesentliche Veränderungen traten jedoch nicht ein.

Verteilung des Landbesitzes in Ägypten 1894–1990

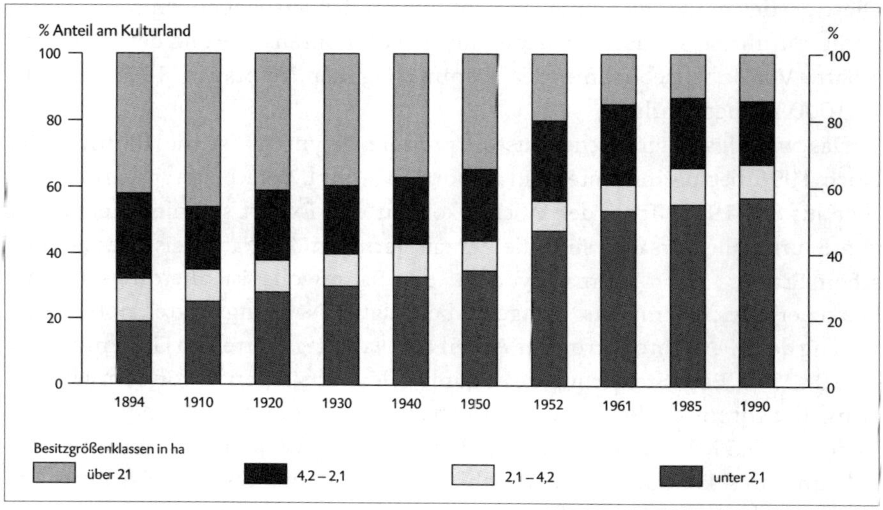

Die in islamischen Ländern übliche **Realerbteilung** führte im Zusammenhang mit einem Bevölkerungswachstum zwischen 2 und 3 % zu einer zunehmenden Zersplitterung des Kleinbesitzes. 90 % der Bauern besitzen weniger als 1 Feddan (0,42 ha). Dies ist nicht ausreichend um eine Familie zu ernähren! Es muss also dazu gepachtet oder zusätzlich anderen Erwerbstätigkeiten nachgegangen werden. Im Großen und Ganzen hat sich am Leben vieler Fellachen nicht viel geändert, besonders die landlose Bevölkerung verarmt zusehends und lebt stets am Rande des Existenzminimums.

4.4 Die „Grüne Revolution" in der Landwirtschaft der Dritten Welt

Dieser Begriff wird häufig mit Indien in Zusammenhang gebracht, da dort erstmals die notwendigen Maßnahmen gebündelt ergriffen wurden. Indien hatte sich zu Beginn seiner Unabhängigkeit mit den typischen agraren Strukturen und Problemen eines Entwicklungslandes auseinanderzusetzen.

Extreme Disparitäten in der Landbesitzstruktur, von Kastenwesen und -denken geprägte Pachtverhältnisse mit ungünstigen Bedingungen für die Pächter, z.T. hohe Verschuldung der Pächter, eine sehr hohe Anzahl von landlosen Landarbeitern und sinkende Betriebsgrößen infolge der Realerbteilung waren die wichtigsten agrarsozialen Hemmnisse.

Wegen der unsicheren klimatischen Bedingungen in den wechselfeuchten Tropen (Variabilität des Monsuns und entsprechende Schwankungen der Niederschläge) und der dominierenden Aridität im subtropischen Indien waren die Erträge relativ gering, Maschinen, Kunstdünger und leistungsfähige Pflanzensorten wurden kaum eingesetzt.

Die infrastrukturelle Ausstattung (Elektrifizierung, Verkehrsanbindung) und die Vermarktungsmöglichkeiten (kaum Bargeld) ließen stark zu wünschen übrig. Dazu kam schließlich noch ein hohes Bevölkerungswachstum.

Am besten entwickelt zeigten sich die traditionellen und von der Kolonialmacht England ausgebauten Bewässerungsregionen. Trotzdem waren Hungersnöte keine Seltenheit.

Im Rahmen von Agrarreformen sollten die Bodenbesitzverhältnisse zu Gunsten der Kleinbauern, Pächter und Landlosen verändert werden. Landgenossenschaften sollten die betriebliche Benachteiligung der Kleinbauern beseitigen und die Vermarktungsstrukturen verbessern. Dieses Konzept erwies sich nur in einem sehr geringem Umfang als tragfähig, da es am Willen zur Zusammenarbeit über die Kasten hinweg fehlte, die Flurzersplitterung sehr ausgeprägt und die Bodenqualität der Betriebe meist geringwertig war. Deshalb änderte die indische Regierung Mitte der 60er-Jahre ihre Agrapolitik und setzte verstärkt auf technologischen Fortschritt. Die Maßnahmen lassen sich zu zwei Bereichen zusammenfassen:

Agrartechnischer und agrarbiologischer Bereich:

- Einführung von Hochertragsorten (vor allem bei Reis und Weizen),
- Verwendung hoher Dosen bei Düngung und Schädlingsbekämpfungsmitteln in massivem Umfang,
- starke Ausweitung der Verwendung von landwirtschaftlichen Maschinen (bei Bodenbearbeitung und Ernte),
- mechanisierte Brunnenbewässerung.

Diese Maßnahmen sollten die modernen wissenschaftlichen Erkenntnisse sofort umsetzen und nachhaltige Produktionssteigerungen erzielen.

Übergreifendes ländliches Entwicklungsprogramm welches zur dauerhaften Überwindung von Hunger und Armut auf dem Land führen soll:

- Kreditbereitstellung, Subventionen,
- Erstellung von Infrastruktur (Energieversorgung, Verkehrswegebau),
- Beratung.

Nach über 30 Jahren „Grüne Revolution" in Indien kann eine differenzierte Bewertung gegeben werden. Wie die beiden folgenden Tabellen klar zeigen waren diese Maßnahmen zur Produktivitätssteigerung bei Nahrungsgetreide und Zucker ein voller Erfolg. Der staatlich subventionierten Lebensmittelversorgung gelang es, entsprechend große Reserven aufzubauen und Indien blieb somit von katastrophalen Hungersnöten verschont.

Entwicklung der Pro-Kopf Verfügbarkeit von Nahrungsmitteln in Indien (Gramm / Tag)

Jahr	Reis	Weizen	Hülsenfrüchte	Nahrungsgetreide (gesamt)	Zucker (kg/Jahr)	Milch (l/Jahr)
1950/51	159	66	61	395	–	132
1960/61	201	79	69	469	4,8	127
1970/71	193	104	51	469	6,8	111
1980/81	198	130	38	455	7,3	128
1990/91	222	167	42	510	12,3	178
1994/95	230	175	38	507	13,2	194

Entwicklung der Flächenerträge in Indien (kg / ha)

Jahr	Reis	Weizen	Hirse	Mais	Nahrungsgetreide (gesamt)	Zuckerrohr	Baumwolle
1950/51	771	664	353	538	522	33 421	87
1967/68	1 032	1 163	576	1 123	783	46 665	123
1995/96	1 855	2 493	1 014	1 570	1 499	68 369	264

Kritik an der Grünen Revolution bezieht sich auf folgende Aspekte:
- die Disparitäten zwischen bewässerten und unbewässerten Regionen wachsen,
- die Einkommensunterschiede zwischen Arm und Reich im ländlichen Indien steigen,
- ökologische Probleme, besonders in Zusammenhang mit der Bewässerung, nehmen zu,
- der Zugang zu gesichertem Bewässerungswasser erweist sich als entscheidender Faktor für wirtschaftlichen Erfolg.

Zunächst wurden vom Programm nur traditionell sichere Bewässerungsgebiete berücksichtigt, in denen bevorzugt Reis und Weizen angebaut wurden. Die im ganzen Land, besonders für die arme Bevölkerung sehr wichtigen Hülsenfrüchte wurden kaum mit einbezogen. Wegen der Kapitalintensität der neuen, stärker technisierten Produktionsweise profitieren in erster Linie die Großbauern, da diese über das notwendig Kapital verfügen. Auch der Zugang zu Krediten ist für Kleinstbetriebe erheblich schwieriger. Landarbeiter werden bei zunehmender Mechanisierung immer entbehrlicher. Folglich steigen die Einkommen der Groß- und Mittelbauern deutlich an, während die der restlichen ländlichen Bevölkerung beim Existenzminimum stagnieren und die männliche Bevölkerung durch Arbeiten in den Städten zu überleben versucht.

Bevölkerungsstrukturen und Bevölkerungsentwicklung

1 Das Wachstum der Weltbevölkerung

Seit Beginn der Industriellen Revolution hat sich das Bevölkerungswachstum deutlich beschleunigt. Um 1800 lebte etwa 1 Milliarde Menschen auf der Erde. 1926 wurde die zweite Milliarde erreicht und in immer kürzeren Abständen verdoppelte sich die Bevölkerung.

Wachstum der Weltbevölkerung (in Mrd.)

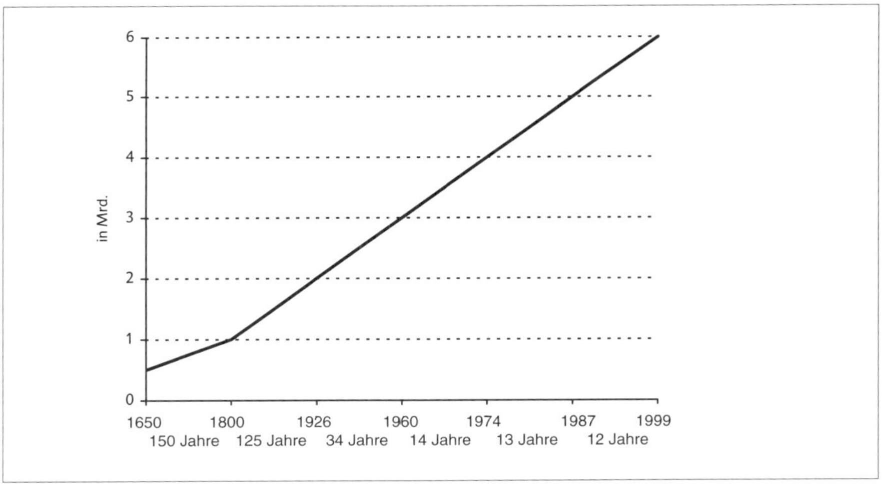

Bevölkerungswachstum nach Großregionen (in Mio.)

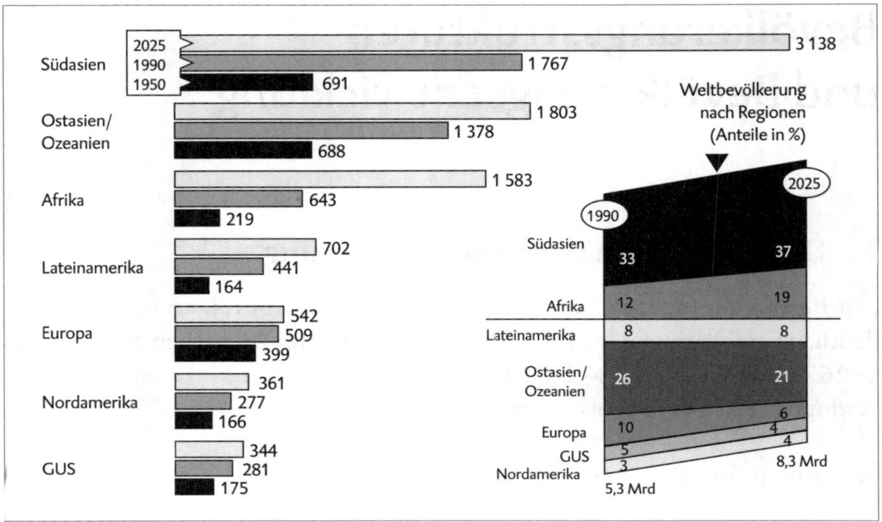

Die Betrachtung der räumlichen Verteilung der Bevölkerungszunahme lässt **zwei gegenläufige Entwicklungen** erkennen: Die **Industriestaaten** des Nordens weisen nur noch ein geringes Wachstum auf, einige davon stagnierende, andere abnehmende Einwohnerzahlen. Deutschland wäre ein Beispiel für ein Land mit schrumpfender Bevölkerung, wenn nur der natürliche Bevölkerungssaldo berücksichtigt würde, da die Sterberate höher liegt als die Geburtenrate. Nur der Zuwanderung von außen ist es zu verdanken, dass dennoch ein geringes Bevölkerungswachstum zu verzeichnen ist. Demgegenüber findet das rapide Wachstum überwiegend (zu über 90 %) in den **Ländern des Südens** statt, in denen inzwischen 80 % der Weltbevölkerung leben.

Diese rasante Entwicklung erzeugte vor allem in der „Ersten Welt" Ängste und Befürchtungen, die sich in Begriffen wie „unkontrolliertes Wachstum", „Bevölkerungsbombe" und „Bevölkerungsexplosion" ausdrücken. Sie suggerieren, dass die rasche Zunahme der Weltbevölkerung, besonders aber unter den Armen in der so genannten „Dritten Welt", zu einer Gefahr für den entwickelten Norden werden könne, und die „überschüssigen Menschen" schließlich wie eine „Flutwelle" über uns hinwegzuschwappen drohten.

2 Die Tragfähigkeit der Erde

In diesem Zusammenhang wird auch immer die Frage nach der Tragfähigkeit der Erde gestellt. Gemeint ist die Zahl der Menschen, die mit den Produkten der zur Verfügung stehenden Anbaufläche ernährt werden kann. So griffig dieser Terminus auf den ersten Blick erscheint, so wenig eindeutig ist er definiert. Die Schwankungsbreite der seit Mitte des 18. Jahrhunderts durchgeführten Versuche, diese Zahl zu schätzen oder zu berechnen, ist entsprechend groß; sie reicht von 2 Milliarden bis 38 Milliarden. Je nach Ansatzpunkt der Betrachtungsweise kann man unterscheiden:

- Die **agrare** Tragfähigkeit. Sie ist dann nicht überschritten, wenn eine Agrargesellschaft mit einem bereits erreichten oder bald zu erreichenden Kultur- und Zivilisationsstand dauerhaft existieren kann, ohne das Naturpotenzial zu zerstören.
- Die **effektive** Tragfähigkeit. Sie errechnet die Zahl der zu ernährenden Menschen unter Berücksichtigung der jeweils angewandten Agrartechnik.
- Die **potenzielle** Tragfähigkeit ergibt sich wenn die bestmögliche Agrartechnik eingesetzt würde.
- Von **maximaler** Tragfähigkeit eines Raumes spricht man, wenn nur das Existenzminimum der dort Lebenden gesichert werden soll.
- Die **optimale** Tragfähigkeit setzt einen Lebensstandard deutlich über dem Existenzminimum voraus.
- Die **innenbedingte** Tragfähigkeit berücksichtigt bei der Berechnung keinerlei Bezug von Grundnahrungsmitteln von außerhalb der untersuchten Region.
- Die **außenbedingte** Tragfähigkeit bezieht Importe ein.

Eine der einflussreichsten Maximen, welche die Bevölkerungspolitik des Westens gegenüber der Dritten Welt lange bestimmte, war das **„Bevölkerungsgesetz"** (The Principle of Population) des Engländers THOMAS R. MALTHUS, erschienen 1798. MALTHUS behauptet darin, dass die Bevölkerung sich exponenziell vermehre, die Produktion von Nahrungsmitteln aber nur linear zunehmen könne und damit irgendwann die agrare Tragfähigkeit überschritten werde. Die immer schlechter werdende Versorgungslage führe schließlich zu Verteilungskämpfen um die Nahrung und um den Zugang zu Land, sodass Kriege, Hunger und Seuchen als Regulativ die Bevölkerungszahlen wieder auf ein Maß reduzierten, das der Tragfähigkeit der betroffenen Region entspreche. Aus dieser Art Bevölkerungspessimismus wurde abgeleitet, dass Eingriffe in das generative Verhalten der Menschen in den armen Ländern unabdingbar seien, um Hungerkriege im Süden und eine Massenflucht in Richtung Norden abzuwenden.

3 Die Phasen des demographischen Übergangs

3.1 Das Modell des demographischen Übergangs

Unter dem Einfluss der Wachstums- und Modernisierungstheorie war es gängige Auffassung in der Entwicklungspolitik, dass eine wirtschaftliche Entwicklung den gleichen Prozess anstoßen werde, wie er in den Industriestaaten zu beobachten war. Mit steigender Lebensqualität würden die Sterberaten sinken und mit einer gewissen Verzögerung die Geburtenraten folgen. Dieser Prozess wird **demographischer Übergang** genannt und soll mit einer entsprechenden Zeitverzögerung auch in den Ländern der Dritten Welt ablaufen. Als Beweis wird angeführt, dass wohlhabende Familien in der Dritten Welt deutlich weniger Kinder haben als arme Familien der Unterschicht.

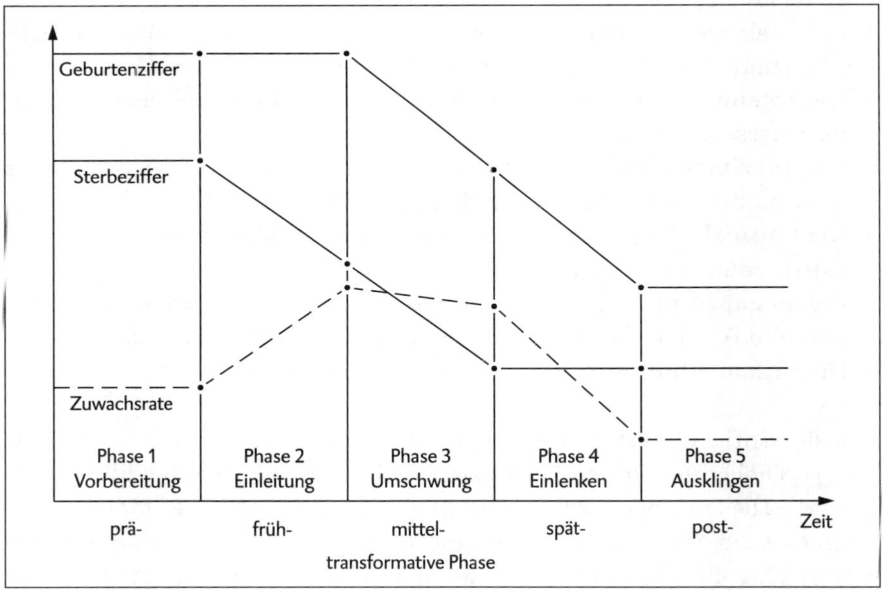

Phase 1: Bevölkerungsprozess in Agrargesellschaften
(Prätransformative oder Vorbereitungsphase)
Hohe Geburten- und hohe Sterberate ergeben ein geringes Wachstum oder ein Gleichgewicht (für England und Wales bis Mitte des 18. Jahrhunderts gültig).
In Agrargesellschaften ist für den größten Teil der Bevölkerung die Befriedigung der Grundbedürfnisse nicht gewährleistet. Deshalb ist die Sterblichkeit hoch und die Lebenserwartung gering. Die Gesellschaft reagiert darauf mit hohen Geburtenziffern, um das Überleben der dominierenden Großfamilie und die Altersversorgung nicht mehr produktiver Angehöriger zu sichern. Dieses generative Verhalten wird in der Gesellschaft als positiv anerkannt, zum Gebot erhoben und teilweise religiös überhöht.

Phase 2: Frühindustrieller Bevölkerungsprozess
(Frühtransformative oder Einleitungsphase)
Rasch sinkende Sterberaten bei gleichbleibend hohen Geburtenraten führen zu starker Bevölkerungszunahme (für England und Wales bis etwa 1880).
Allmähliches wirtschaftliches Wachstum, von dem nicht nur eine kleine Minderheit profitiert, Verbesserungen in der Produktivität der Landwirtschaft und damit bei der Ernährungsbasis sowie die einsetzende Industrialisierung sichern das Überleben Vieler auf niedrigem Niveau. Dazu kommen erste Erkenntnisse über Hygiene und die Ursache und Ausbreitung epidemischer Krankheiten, die zur Senkung der Sterblichkeitsrate besonders bei Kleinkindern führen. Das generative Verhalten folgt den verbesserten Bedingungen jedoch noch nicht, da die traditionellen Steuerungsmechanismen große Beharrungskraft aufweisen. Die Geburtenraten steigen sogar noch an, weil die sinkenden Sterberaten immer mehr junge Frauen in das gebärfähige Alter kommen lassen.

Phase 3: Übergangsperiode
(Mitteltransformative oder Umschwungsphase)
Auch die Geburtenraten beginnen zu sinken und die Sterberaten nehmen nur noch wenig ab. Dies führt zunächst noch zu starker, allmählich jedoch zu abflachender Bevölkerungszunahme (für England und Wales etwa zwischen 1880 und 1940).
Das generative Verhalten beginnt, auf die verbesserten Verhältnisse zu reagieren. Versicherungen und Renten treten allmählich an die Stelle der Absicherung durch Kinder. Verbesserte Bildungschancen durch allgemeine Schulpflicht und schulische Weiterbildung verwandeln Kinder zunehmend von Erwerbsfaktoren in Kostenfaktoren. Die Bevölkerung nimmt weiterhin zu, weil einerseits die Lebenserwartung steigt, andererseits die sehr junge Bevölkerung aber noch zwei bis drei Jahrzehnte für hohe Geburtenziffern sorgt, auch wenn die Zahl der Geburten pro Frau sinkt.

Phase 4: Bevölkerungsprozess der Industrieländer

(Spättransformative oder Einlenkungsphase)

Niedrige Geburten- und Sterberaten ergeben eine geringe Bevölkerungszunahme, bis sich – auf sehr niedrigem Niveau – ein neues Gleichgewicht einpendelt.

Die Bevölkerungszahl wächst kaum noch, durch steigende Lebenserwartung entstehen jedoch neue Probleme der Absicherung. Immer weniger junge Leute müssen für die Versicherungen immer mehr älterer Leute aufkommen, wodurch schließlich der Generationenvertrag in Gefahr gerät.

Phase 5: Postindustrieller Bevölkerungsprozess

(Posttransformative oder Phase des Ausklingens)

Der Geburtenüberschuss verwandelt sich in ein Defizit; die Bevölkerung schrumpft.

Diese Phase gilt nur für wenige hochentwickelte Industrieländer wie Deutschland und Japan. In Deutschland (West) war diese Phase bereits Ende der 70er-Jahre erreicht. Den Ausgleich brachten nur Migrationsgewinne aus dem Ausland. Die in Phase 4 beginnenden Probleme mit der Überalterung verschärfen sich, denn unter dem Einfluss wachsender Globalisierung der Wirtschaft, gepaart mit der Durchsetzung neoliberaler Wirtschaftspolitik, geraten die Absicherungssysteme des Sozialstaates an den Rand der Leistungsfähigkeit.

Soziale Schichtung und demographischer Übergang in Entwicklungsländern

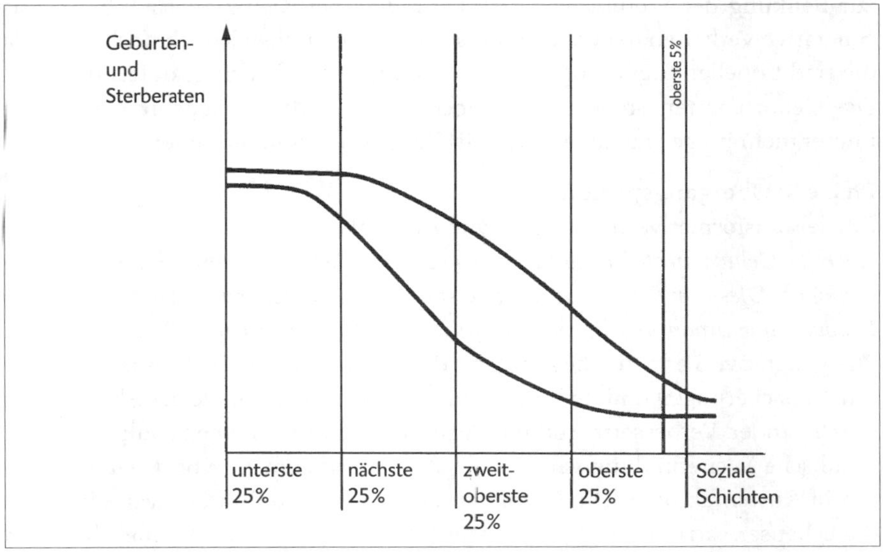

Wie die Abbildung zeigt, sind alle diese Phasen in Ländern der Dritten Welt zu registrieren. Offensichtlich steuert das Einkommensniveau das generative Verhalten. Traditionelle Agrargesellschaften in der Peripherie beharren in der ersten Phase, während wohlhabende städtische Eliten offensichtlich ein ganz ähnliches generatives Verhalten zeigen, wie die Mehrheit der Bevölkerung in den weit entwickelten Industrieländern.

3.2 Zugehörige idealtypische Grundformen der Bevölkerungspyramiden

Phase 1: Pagodenform

(Z. B. Mali / Kenia 1990) Die Flanken sind konkav durchgebogen als Folge hoher Sterblichkeit im Kindesalter und geringer Lebenserwartung.

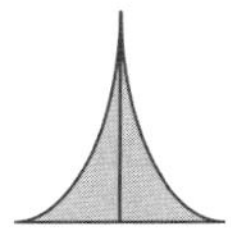

Phase 2: Dreiecksform

(Z. B. Deutschland 1910 / Brasilien 1990) Die Basis wird schmaler wegen sinkender Geburtenrate, die Spitze wird höher wegen gestiegener Lebenserwartung.

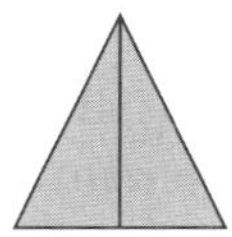

Phase 3: Pyramide mit schmaler Basis

(Z. B. China 1990) Die wirtschaftliche Entwicklung hat zu verändertem generativen Verhalten geführt oder die Maßnahmen einer Bevölkerungsplanung zeigen Erfolge.

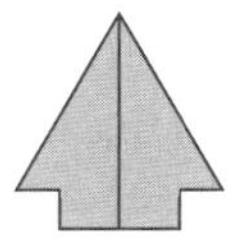

Phase 4: Glockenform

(Z. B. Europa 1990 oder Entwicklungsländer 2050) Geburten- und Sterberaten sind ausgeglichen; die Bevölkerungszahl stagniert.

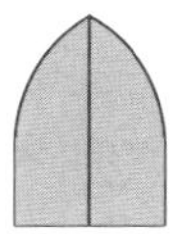

Phase 5: Urnenform

(Z. B. Deutschland 2030) Die Sterberaten sind höher als die Geburtenraten; die Bevölkerungszahl schrumpft.

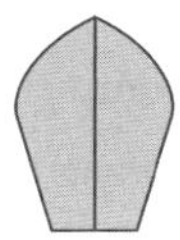

Unterschiede im Verlauf des demographischen Übergangs

In den europäischen Staaten setzt der Übergang zur Phase 2 unterschiedlich rasch ein. In England beginnt die Sterblichkeitsrate schon im 18. Jahrhundert zu sinken und die Phase 5 wird um 1940 erreicht, nach rund 200 Jahren. In

Deutschland vollzieht sich der gleiche Prozess in einem viel kürzeren Zeitraum von etwa 70 Jahren von 1870 bis 1940. Folgende Faktoren trugen zur **Verringerung der Sterblichkeit** bei:

- Steigerung der Nahrungsmittelproduktion durch verbesserte Anbautechniken, gefördert von Landwirtschaftsvereinen, Einsatz von Mineraldüngern,
- Verbesserung der Ernährung,
- Revolution des Transportwesens durch die Eisenbahn, die eine schnellere Verteilung der Nahrungsmittel und die Überbrückung lokaler Engpässe ermöglichte,
- Verbesserung der öffentlichen (Versorgung mit sauberem Trinkwasser, Abwasserentsorgung, Müllbeseitigung) und der privaten Hygiene,
- Medizinischer und pharmazeutischer Fortschritt (Desinfektion, Massenimpfungen, Eindämmung von Infektionskrankheiten),
- Erhöhung des Bildungsniveaus, und veränderte Stellung der Kinder (fortschreitendes Verbot der Kinderarbeit, Einführung der allgemeinen Schulpflicht).

Die Industrialisierung und der wirtschaftliche Fortschritt zusammen mit den mühsam erkämpften sozialen Verbesserungen haben zu einer Senkung der Sterberate und zu einer Verlängerung der Lebenserwartung geführt.

Ganz anders ist die rasche Senkung der Sterberate in der Dritten Welt zu erklären. In den meisten Ländern setzte der beschleunigte Rückgang der Sterblichkeit erst nach 1945 ein und war im Wesentlichen auf **medizinische Hilfe von außen** zurückzuführen, insbesondere bei der Bekämpfung weit verbreiteter epidemischer Krankheiten wie Malaria, Pocken, Cholera. Sowohl durch den Einsatz von Pestiziden gegen die Erreger oder deren Zwischenwirte, als auch durch Impfungen und den Einsatz von Antibiotika gelang es, den Gesundheitszustand zu verbessern und die Sterblichkeitsrate gerade auch bei Kindern zu senken.

Exkurs: Pockenbekämpfung

Anfang der 50er-Jahre waren zwischen 35 und 48 Millionen Menschen von den Pocken betroffen. Zu Beginn des groß angelegten Pockenbekämpfungsprogramms der Weltgesundheitsorganisation WHO 1967 kosteten die Pocken jedes Jahr etwa zwei Millionen Menschen das Leben, etwa eine halbe Million verlor das Augenlicht und über 10 Millionen wurden schwer entstellt. Intensive Impfaktionen in den endemischen Verbreitungsgebieten der Krankheit führten nach 12 Jahren dazu, dass die Pocken nur noch bei Katastrophenfällen in lokal und zahlenmäßig eng begrenzten Gebieten auftreten.

Wie sehr infektiöse und parasitäre Tropenkrankheiten zu den typischen Armutskrankheiten gehören, zeigt sich an der räumlichen Verteilung der Krankheitsfälle, wobei Durchfallerkrankungen (Ruhr, Salmonellose etc.) Malaria, Schistosomiasis (Bilharziose), Filariasis (Elefantiasis) und Onchozerkose (Flussblindheit) die Hauptkrankheiten darstellen. 75 % aller Erkrankungen konzentrieren sich auf Afrika, den ärmsten Kontinent. Betroffen sind vor allem Menschen ohne Zugang zu sauberem Trinkwasser und in der Nähe von Brutstätten der Überträger der Krankheitserreger, besondes also an stehenden oder langsam fließenden Gewässern.

4 Steuerungsfaktoren für die Geburtenhäufigkeit

4.1 Religiöse und kulturelle Normen

Kinder gelten als **Quelle der Freude**. Besonders für arme Menschen sind sie oft das einzige das ihnen eigene Wertschätzung verschafft. Ein weiterer Aspekt ist, dass besonders in Gesellschaften mit geringen sozialen Unterschieden Faktoren wie Religions-, Kasten- und Clanzugehörigkeit eine bedeutende Rolle spielen können. In orientalischen und afrikanischen Gesellschaften z. B. werden viele Kinder als **Gunstbeweis der** jeweiligen **Gottheit** angesehen. Daraus erwächst soziales Ansehen für die Familie und damit verstärkt sich auch ihr politischer Einfluss.

Kinder sind häufig auch wichtig für den **Ahnenkult**, denn die Ehrfurcht vor den Ahnen gebietet es in verschiedenen Kulturen, rituelle Handlungen während einer Beerdigungszeremonie von den Kindern, häufig ausdrücklich von den **Söhnen**, ausüben zu lassen. Eine freiwillige Reduzierung der Geburten gilt in solchen Gesellschaften als mangelnder Respekt vor den Verstorbenen, als unsittlich und als Angriff auf die Würde der gesamten Familie. Zudem sind Kinder wichtig für die **Familientradition**, denn Söhne geben den Familiennamen weiter und erben den väterlichen Besitz.

4.2 Sozioökonomische Faktoren

Die hohe Säuglings- und **Kindersterblichkeit** und eine fehlende Alters- und Krankenversorgung, ob staatlich oder privat, verstärken den Wunsch nach mehreren Kindern zur Absicherung bei Karnkheit und im Alter.

In Gesellschaften, in denen die Töchter nach ihrer Heirat Mitglieder der Großfamilie des Bräutigams werden, entscheidet die Zahl der Kinder, insbesondere der Söhne, über die **Stellung** und den sozialen Rang der **Frau**, nach dem ihre Rechte und Pflichten bemessen werden und über die Arbeiten, die sie zu verrichten hat.

Kinder sind als **Hilfe im Haushalt und im ländlichen Betrieb** immer auch ein Wirtschaftsfaktor, besonders bei armen Familien auf dem Land. Jungen wie Mädchen erledigen schon früh eine Reihe von Arbeiten, die in den Zuständigkeitsbereich der Frau gehören. Mit zunehmendem Alter übernehmen sie auch anspruchsvollere Tätigkeiten und ermöglichen es den Eltern, Zusatzeinkommen zu erwirtschaften.

Befindet sich die Nutzfläche einer Dorfgemarkung in Gemeinschaftsbesitz, dann wird das Land nach der Größe der Familie zugewiesen. Daraus erwachsen **wirtschaftliche** und auch (lokal)**politische Vorteile** – ein weiterer Grund dafür, viele Kinder haben zu wollen.

Müttersterblichkeit[1] pro 100 000 Geburten (A) und Anzahl der Geburten pro Frau (B) in ausgewählten Ländern[2]

	A		B		
	1980–1990	**1995**	**1970**	**1990**	**1995–2000**
Schweiz	4	6	2,3	1,6	1,5
USA	8	12	2,6	1,8	2,0
BRD	8	22	2,3	1,4	1,3
Burkina Faso	810	930	6,7	6,5	6,6
Bolivien	480		6,6	6,1	4,4
VR China	44	95	6,0	2,4	1,8
Indien	340	570	5,7	4,3	4,8

1 Durch die WHO definiert als „Tod einer Frau während der Schwangerschaft oder innerhalb von 42 Tagen nach Beendigung derselben, [...] und zwar aus Gründen, die mit der Schwangerschaft zusammenhängen oder durch diese verschlimmert wurden". Quelle: United Nations: The World's Women 1970–90. New York 1991, S. 67–70; zitiert nach K. Leisinger, 1993, S. 109 und Weltbevölkerungsbericht 1998
2 Nach Weltbank: Weltentwicklungsbericht 1992 und Weltbevölkerungsbericht 1998

Sterblichkeit von Säuglingen und Kindern unter 5 Jahren und Geburtenraten (1990/1995)

		Sterblichkeit[1] Säuglinge[3]	Kinder unter 5 Jahren Mädchen	Knaben	Geburtenrate[2]
Afrika südlich der Sahara	Mosambik	137/110	194/171	215/192	46
	Äthiopien	132/107	185/176	205/196	51
	Malawi	149/142	242/227	255/234	54
	Mali	166/149	209/187	238/210	50
	Angola	130/124	207/183	230/205	47
Andere	Laos	103/86	159/150	179/172	47
	Bangladesh	105/78	160/109	142/103	35

1 pro 1 000 Lebendgeburten
2 unbereinigte Geburtenrate pro 1 000 der Bevölkerung
3 Kinder unter einem Jahr

4.3 Negative Auswirkungen der raschen Bevölkerungszunahme

Gesundheitsrisiko für die Mutter

Die Gefährdung der Mütter durch die Geburt steigt deutlich an, wenn

- die Zahl der Geburten sehr hoch ist,
- die Geburten in geringerem Abstand als zwei Jahre stattfinden,
- die Mütter zu jung (unter 16/18 Jahre) oder zu alt (> 35 Jahre) sind.

Die Wahrscheinlichkeit, dass mehrere dieser Indikationen zusammentreffen ist bei armen Müttern am größten, denn durch die hohe Arbeitsbelastung, die Stellung in der Familie und den schlechten Allgemeinzustand wächst das Risiko für Mutter und Kind.

Gesundheitsrisiko für die Kinder

Kinder solcher überlasteter Mütter kommen häufig deutlich untergewichtig und krankheitsanfällig zur Welt. Das Umfeld der Armut, fehlende sanitäre Einrichtungen und mangelnde Hygiene sind eine große Gefahr für die Gesundheit von Säuglingen und Kleinkindern.

Hohe Säuglings-, Kinder- und Müttersterblichkeit sind eindeutig Armutsindikatoren und führen unausweichlich zu hohen Geburtenraten.

Abnahme der Bildungschancen

Je mehr Kinder in einer armen Familie leben, desto weniger besuchen die Schule, da das beschränkte Budget solche Aufwändungen nicht trägt. Vor allem Mädchen sind hier benachteiligt, denn sie müssen schon früh der Mutter im Haushalt helfen und jüngere Geschwister beaufsichtigen.

Ohne Bildung keine Familienplanung –
Mädchen in Entwicklungsländern brauchen mehr Bildungschancen

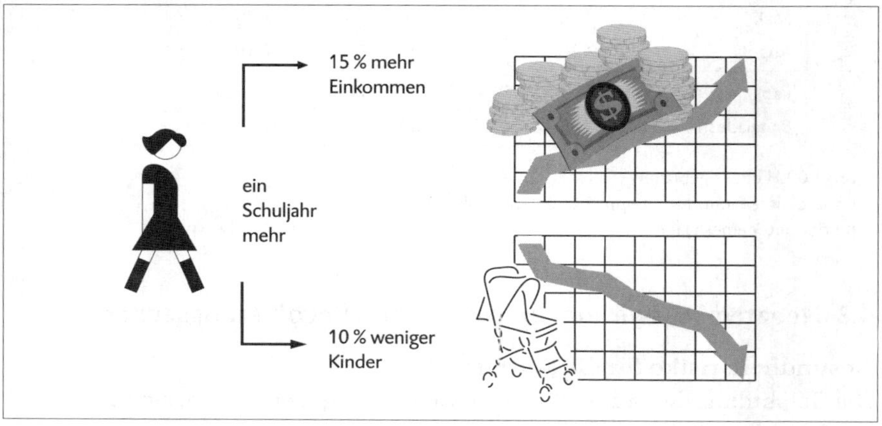

Abnahme der Ressource Land

Die landwirtschaftliche Nutzfläche pro Kopf wird immer geringer, abhängig vom praktizierten Erbrecht. Die verbleibenden Flächen werden notgedrungen übernutzt, sodass es zu Bodendegradation und Bodenerosion kommt, die die nutzbaren Flächen noch weiter reduzieren. Großprojekte wie Staudammbauten und großflächiger Anbau von Exportprodukten reduzieren die ohnehin schon knappe Ressource Land für die Eigenversorgung der kleinen Bauern und der landlosen Tagelöhner. Noch sind es etwa 60 % der Menschen in der Dritten Welt, deren Subsistenz davon abhängt, ob sie genügend Land bewirtschaften können. Die Folgen der Verknappung sind vielfältig:

- Verelendung und Landflucht,
- Druck auf die Löhne auf dem Land durch das Überangebot an „freigesetzten" Arbeitskräften,
- Übernutzung der Restflächen durch verkürzte Brachezeiten,
- Ausdehnung des Ackerbaus in Risikozonen,
- Abholzung der Wälder.

Verknappung von Brennholz
Je ärmer eine Region bzw. ein Land, desto stärker sind die Menschen auf Brennholz als einziger Energiequelle angewiesen. Etwa 70 % der Bevölkerung in der Dritten Welt können sich keine anderen Energiequellen leisten. Auch das Brennholz wird immer knapper und teurer, der Wege- und Zeitaufwand immer größer. In den Trockenregionen des Sahel z. B. werden bis zu 300 Tage im Jahr für das Sammeln von Brennholz aufgewandt. Daraus erwachsen unermessliche ökologische, aber auch gesundheitliche Schäden gerade bei Kindern. Das knappe Holz erlaubt es kaum noch, das Trinkwasser abzukochen; Nahrungsmittel mit langer Garzeit müssen solchen weichen, die mit geringerem Heizaufwand zubereitet werden können.

5 Bevölkerungswachstum und Umwelt

Einige der ökologischen Folgeschäden wurden bereits angesprochen. Die Rodung der tropischen Wälder, die Bodenerosion und die Ausbreitung der Wüsten haben nicht nur regionale Auswirkungen, sondern auch globale. Daraus wird die Forderung an die Länder der Dritten Welt abgeleitet, das Bevölkerungswachstum rechtzeitig einzudämmen, bevor die globalen Folgen, wie die Zunahme der Treibhausgase, die Erwärmung der Atmosphäre, das Ansteigen des Meeresspiegels, die Verknappung des Trinkwassers, irreversible Schäden verursacht haben. Es muss aber in aller Deutlichkeit darauf hingewiesen werden, dass der Bevölkerungsdruck auf Ökosysteme nur einer von vielen Faktoren ist.

Folgende Komponenten wirken global auf die Umwelt:
- Einkommen, Konsumstil, Denk- und Verhaltensweisen sowie Gesellschaftsordnung und Qualität der politischen Entscheidungen,
- Stand der Technik, denn dieser bestimmt die Umwelterheblichkeit einer Konsum- bzw. Produktionseinheit und somit das Ausmaß, in dem die Tätigkeit der Menschen die Umwelt schädigt oder erhält,
- Besitzverteilung an Grund und Boden.

Würde man die „wahre“ Bevölkerungsverteilung, gemessen an der Umweltbelastung pro Kopf, dem Verbrauchsäquivalent, in Rechnung stellen, so lebten in den Industrieländern real 15–30 Mrd. Menschen statt nominal 1,5 Mrd., in den Entwicklungsländern real 5 Mrd. statt 4,5 Mrd. Eine Mutter in Bangladesh könnte 90 Kinder haben und würde die Erde immer noch weniger belasten als ein Einzelkind in Deutschland. Daraus kann jedoch nicht gefolgert werden, dass es allein Sache der Industrieländer sei, die Umwelt zu erhalten. Denn sowohl große Bevölkerungen mit niedrigem Konsumniveau als auch kleine Bevölkerungen mit hohem Konsumniveau verursachen Umweltschäden. Länder wie China und Indien haben zwar eine geringe Belastung pro Kopf, doch die absoluten Werte mancher global wirkenden Schadstoffe erreichen schon die Höhe der Werte von Industriestaaten.

Die „Überbevölkerung“ des Nordens

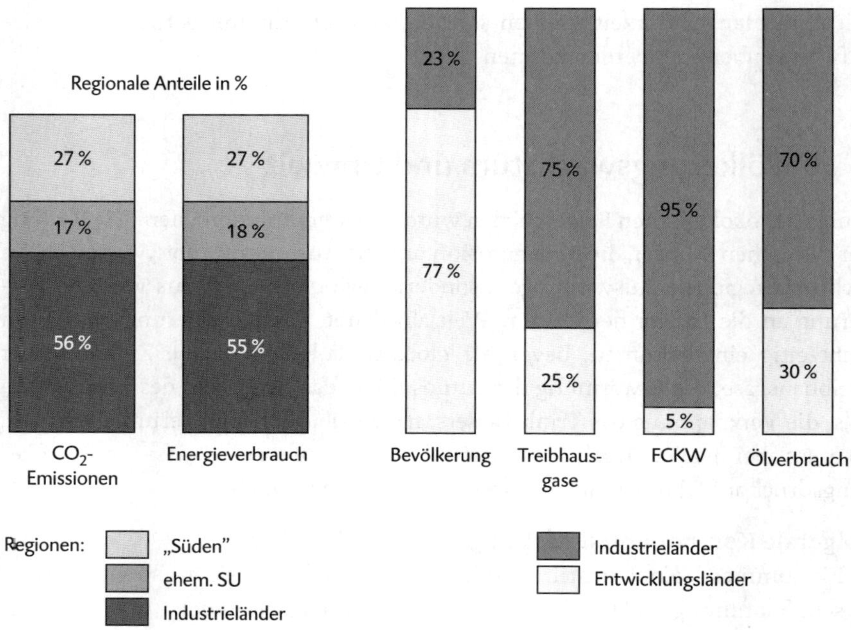

6 Bevölkerungspolitik als Lösungsweg?

6.1 Zielsetzungen in der Diskussion

Vorschläge der Ersten Welt zur Lösung der aufgezeigten globalen und regionalen Probleme haben häufig einen Beigeschmack und werden von Vertretern aus Ländern des „Südens“ teilweise als „neokolonialistische Eingriffe in ihre nationale Souveränität“ bezeichnet. Sie äußern den Verdacht, dass die Bevölkerungspolitik nichts anderes bezwecke, als den verschwenderischen Lebensstil der reichen Länder des „Nordens“ und gleichzeitig die Macht der heimischen Eliten zu sichern. Die jüngsten Auflagen der Weltbank, nur dann Kredite zu vergeben, wenn Familienplanung durchgeführt wird, sind Wasser auf die Mühlen der Vertreter einer solchen Position. Außerdem wird der Verdacht geäußert, es gehe hier nicht um die Abschaffung der Armut, sondern um die Abschaffung der Armen. Daher sei jegliche Bevölkerungspolitik abzulehnen.

Demgegenüber gehen wohl die meisten Befürworter einer Familienplanung aus den Reihen der Nichtregierungsorganisationen (NGOs) damit konform, dass eine ethisch vertretbare Bevölkerungspolitik nur dann gegeben ist, wenn sie darauf abzielt, mit der Senkung der Geburtenrate eine langfristige Verbesserung der Lebensqualität der Betroffenen zu erreichen, die sich jedoch nicht an den Wohlstandsmaßstäben der reichen Länder des Nordens orientiert, sondern an den Prinzipien einer **nachhaltigen Entwicklung** (sustainable development), die auch den nachkommenden Generationen eine lebenswerte Erde garantieren soll.

An zwei Beispielen sollen die Schwierigkeiten aufgezeigt werden, den richtigen Weg zu den richtigen Zielen zu finden.

6.2 Bevölkerungspolitik in Indien – ein Fehlschlag

Indien ist das Land, das die längsten Erfahrungen mit einer staatlich gesteuerten, vom Ausland finanzierten Bevölkerungspolitik hat. Ab 1957 wurden umfangreiche Entwicklungs- und Nahrungsmittelhilfsmaßnahmen mit eigenständigen Familienplanungsprogrammen verknüpft. Die dirigistischen Familienplanungsmaßnahmen umfassten die breite Verteilung von Verhütungsmitteln, die Propagierung der Kernfamilie (mit dem neuen Kommunikationsmittel Radio) und (zwangsweisen) Sterilisationskampagnen. Seit den 80er-Jahren werden solche Programme unter finanzieller Beteiligung der Weltbank durchgeführt, die sich schwerpunktmäßig auf Frauen und (ländliche wie städtische) Armutsgruppen konzentrieren. Sie haben nach wie vor einen dirigistischen, häufig die Menschenwürde verletzenden Charakter, mit Prämien für die Sollerfüllung der Verantwortlichen.

Nach allgemeiner Einschätzung sind diese langjährigen **Kampagnen gescheitert**. Die Bevölkerung Indiens wächst nach wie vor absolut rasch an, auch wenn die Zuwachsrate auf die Erhaltungsrate von 2,1 % gesunken ist. Im Jahr 2000 wird in Indien eine Milliarde Menschen leben und Indien wird China bald als bevölkerungsreichstes Land überholen. Für das Scheitern werden hauptsächlich zwei Gründe verantwortlich gemacht: der Zwangscharakter der Maßnahmen zusammen mit der menschenverachtenden Art der Durchführung sowie die monokausale Betrachtungsweise, die es versäumte, Begleitmaßnahmen mit einzuplanen.

6.3 Der indische Bundesstaat Kerala – Ein Erfolgsbeispiel

Bei aller Außenabhängigkeit der Länder der Dritten Welt haben die nationalen Regierungen doch einen erheblichen Spielraum, mit den ihnen zur Verfügung stehenden Mitteln die Lebensverhältnisse der gesamten Bevölkerung, und nicht nur einer kleinen Oberschicht, zu verbessern. Ein eindrucksvolles Beispiel hierfür ist der indische Bundesstaat Kerala. Die dortige (linksgerichtete) Landesregierung hat konsequent eine Politik zu Gunsten der Menschen und ihrer Lebensverhältnisse betrieben, ihre Einnahmen und Steuerungsmöglichkeiten für eine Verbesserung der sozialen Verhältnisse eingesetzt. Dazu gehören

- die Zerschlagung eines der brutalsten Kastensysteme auf dem Subkontinent durch die Regierung schon zu Beginn des 20. Jahrhunderts, unterstützt durch eine starke Bauernbewegung,
- eine gleichberechtigte Förderung von Stadt und Land, sodass die Lebensbedingungen auf dem Lande attraktiv geblieben sind,
- eine Priorität bei den Ausgaben zu Gunsten von Bildungsmaßnahmen und Investitionen im Gesundheitsbereich,
- eine konsequente Landreform (60er-Jahre), die drei Millionen Landlosen eigenes Land zukommen ließ,
- eine verbesserte Stellung der Frau, die in Kerala allerdings vor allem historische Wurzeln hat (Land wird an Frauen vererbt; die Familien zahlen einen Bräutigamspreis, nicht einen Brautpreis).

Die Folge: Obwohl die Ausgangsbedingungen deutlich ungünstiger sind als im statistischen Durchschnitt von Indien insgesamt, sind in Kerala die **Sozialindikatoren deutlich besser** wie die nachfolgende Tabelle[3] zeigt.

	Kerala	Indien
Pro-Kopf-Einkommen (in Dollar)	250	350
Bevölkerungsdichte (Einw. pro km^2)	655	242
Arme (Anteil an Gesamtbevölkerung)	27 %	48 %
Säuglingssterblichkeit	26 ‰	94 ‰
Frauenalphabetisierung	66 %	34 %
Geburtenrate (durchschnittl. Kinderzahl)	2,6	4,2

Nachdem das generative Verhalten von einer Vielzahl sozialer, ökonomischer und kultureller Faktoren gesteuert wird, bedarf es zu seiner Veränderung eines Bündels aufeinander abgestimmter Maßnahmen. Aus den Erfahrungen in Kerala und anderen Ländern (z. B. Bangladesh, Thailand, Zimbabwe, Kolumbien) lassen sich Forderungen an eine ethisch vertretbare und damit (vielleicht) auch erfolgreiche Bevölkerungspolitik stellen. Die Hauptforderungen des Aktionsprogramms der Kairoer Weltbevölkerungskonferenz 1994 an die nationalen Regierungen und an die internationale Entwicklungspolitik sind deshalb:

Erhöhung des Haushaltseinkommens

Nur wenn das Familieneinkommen der Armen (oft alleinerziehender Mütter) gesteigert wird, können sie sich Gesundheitsfürsorge und Bildung leisten, auf Kinderarbeit (weitgehend) verzichten. Dadurch erhöhen sich die Lebenschancen der Kinder und somit auch eine Möglichkeit, die Zahl der Kinder zu reduzieren.

Senkung der Kindersterblichkeit

Weniger Kinder können den Eltern die Sicherheit vermitteln, im Alter versorgt zu werden; dies eröffnet auch den bereits geborenen Kindern bessere Überlebenschancen.

3 Quelle: Atlas der Weltverwicklungen, © Dritte Welt Haus Bielefeld 1992, S. 66 f.

Mehr Bildung und Beschäftigung für Frauen
Vor allem die Bildung von Frauen hat große Auswirkungen auf ihr generatives Verhalten, macht Frauen frei, sich von überkommenen sozialen und kulturellen Vorgaben zu lösen und die Frage nach der erwünschten Kinderzahl nach eigenen und nicht nach fremdbestimmten Vorstellungen zu beantworten.

Zugang zu Verhütungsmitteln und Beratung
Frauen und Männer brauchen Zugang zu praktikablen, bezahlbaren, sicheren und kulturell angemessenen Verhütungsmitteln und zu einer entsprechenden Beratung.

Verstädterung, Urbanisierung und Metropolisierung

1 Begriffsklärung

1.1 Verstädterung und Urbanisierung

In den 90er-Jahren nahm die Bevölkerung der Erde jährlich um rund 100 Mio. Menschen zu. Das für die Zukunft erwartete weitere Bevölkerungswachstum konzentriert sich auf Asien, Afrika und Lateinamerika, wo vor allem die Einwohnerzahlen der Städte stark ansteigen. 1950 betrug der Anteil der städtischen Bevölkerung in den Entwicklungsländern lediglich 17 %. Dieser Wert erhöhte sich bis 1970 auf 25 % und bis 1990 auf 37 %. Schätzungen sagen für das Jahr 2000 einen Anteil von über 50 % voraus, jedoch mit großen regionalen Unterschieden. Die rasch zunehmende Verstädterung wird die in den Metropolen bereits bestehende Wohnungsnot und die erheblichen infrastrukturellen, ökonomischen, sozialen und ökologischen Probleme dramatisch verschärfen.

Skyline von Hongkong

Verstädterung bezeichnet einen demographischen Zustand, nämlich den Anteil der städtischen Bevölkerung an der Gesamtbevölkerung eines Landes, wobei die Stadtdefinition von Land zu Land sehr stark schwankt (z. B. Mindesteinwohnerzahl einer Stadt in Venezuela 1000, in Ghana 5000 oder in Nepal 9000 Menschen).

Die Verstädterung ist in der Regel mit dem Prozess der **Urbanisierung** verbunden. Urbanisierung beschreibt die Ausbreitung städtischer Verhaltensweisen und Lebensformen und die sich daraus ergebenden räumlichen Strukturen und Prozesse, in deren Verlauf ländliche Räume bezüglich ihrer Sozial-, Erwerbs- und Berufsstruktur und ihrer Physiognomie „verstädtern".

Die Unterschiede in der regionalen Verteilung städtischer Bevölkerung haben verschiedene Ursachen. In **Europa** z. B. entstanden Großstädte erst als Folge der Industrialisierung im 19. Jahrhundert. Die Menschen wanderten vom Land ab, weil es in der Stadt Arbeitsplätze gab und weil trotz der oft sehr schlechten Wohnbedingungen die Stadt bessere Aufstiegsmöglichkeiten bot. In **Nordamerika** entwickelten sich von wenigen Ausnahmen abgesehen erst gar keine Dörfer. Wer nicht auf einer einzeln gelegenen Farm oder Ranch lebte, wohnte in der Stadt, auch wenn dies oft nur eine Kleinstadt war. In **Südamerika** waren Städte schon vor der Kolonialisierung vor 500 Jahren die überragenden kulturellen und politischen Zentren, heute sind sie der Magnet für die ländliche Bevölkerung. Auf dem südamerikanischen Kontinent schreitet die Verstädterung rasch voran. 360 Mio. Menschen leben hier gegenwärtig in den Städten, im Jahr 2025 werden es voraussichtlich über 600 Mio. sein. Der Verstädterungsgrad beträgt gegenwärtig in der Karibik und in Mittelamerika 66 %, in Südamerika fast 80 %.

Jährliche Wachstumsrate der Stadtbevölkerung in den Ländern der Dritten Welt

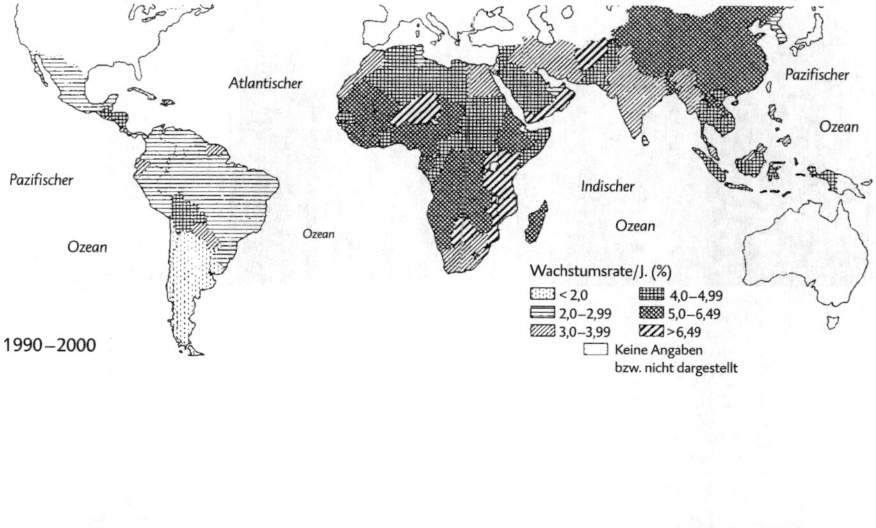

In **Afrika** dagegen ist der Verstädterungsgrad erheblich geringer. Er schwankt regional zwischen 45 % in Nordafrika und 21 % in Ostafrika. Diese Unterschiede resultieren aus den vorkolonialen Staatenbildungen, den verschiedenen kolonialen Einflüssen und den wirtschaftlichen Rahmenbedingungen. Afrika verzeichnet aber heute die höchste Wachstumsrate städtischer Bevölkerung von jährlich 6 %.

In **Asien** wurden die alten Kulturräume Indien und China schon immer durch Großstädte geprägt. Fast die Hälfte aller weltweit in Städten lebenden Menschen, das sind etwa 1,2 Mrd., wohnen heute in asiatischen Städten. Ihre Zahl wird sich in den kommenden drei Jahrzehnten auf 2,7 Mrd. erhöhen, trotz sinkender jährlicher Wachstumsraten.

1.2 Metropolisierung

Der Begriff **Metropole** ist nicht einheitlich definiert. Wenngleich Flächengröße, Einwohnerzahl und -dichte als wichtigste Abgrenzungskriterien allgemein anerkannt sind, so fehlen doch verbindliche Schwellenwerte für dieselben. Viele Stadtplaner geben eine **Mindestgrösse von 2 Mio. Einwohner** für eine Metropole an, bezogen auf ein Gebiet mit einer Mindestdichte von 2 000 Einwohner/km^2 und einer **monozentrischen Raumstruktur**. Ein entscheidendes Kriterium ist die **Bevölkerungskonzentration**, d. h. ein überproportional hoher Anteil der jeweiligen Landesbevölkerung. Ein weiteres Merkmal ist die **funktionale Dominanz**, d. h. eine hohe Konzentration von administrativen, wirtschaftlichen, sozialen und kulturell-wissenschaftlichen Funktionen in einer Metropole, die als bedeutender Pull-Faktor bei der Zuwanderung wirkt.

Unter **Metropolisierung** versteht man das z. T. explosionsartige Bevölkerungswachstum der Metropolen. Im Jahr 2000 werden ca. 30 % der Bevölkerung der Länder der Dritten Welt in Metropolen und **Mega-Städten** (Einwohnerzahl über 10 Mio.) leben. Besonders in den südamerikanischen Staaten ist der Metropolisierungsgrad sehr hoch, z. B. wohnen 42 % der Uruguayer in der Hauptstadt Montevideo, 36 % der Chilenen in Santiago de Chile und 30 % der Peruaner in Lima. Metropolen oder Mega-Städte stellen häufig die einzige **primate city** ihres Landes dar.

Während seit den 50er-Jahren die Einwohnerzahlen fast aller Megastädte Europas und Nordamerikas stagnieren oder sogar rückläufig sind, wuchsen diese in den Entwicklungsländern stark an. 1950 hatte Shanghai als erste Entwicklungsländer-Metropole die 5 Mio.-Grenze überschritten, vierzig Jahre später gab es bereits 25 Metropolen in der Dritten Welt, von denen 9 mehr als 10 Mio. Einwohner hatten. Obwohl in vielen dieser Metropolen die Wachstumsraten inzwischen abnehmen, werden ihre jährlichen Einwohnerzuwächse bis weit über das Jahr 2000 hinaus weiterhin sehr hoch sein.

Die Mega-Städte

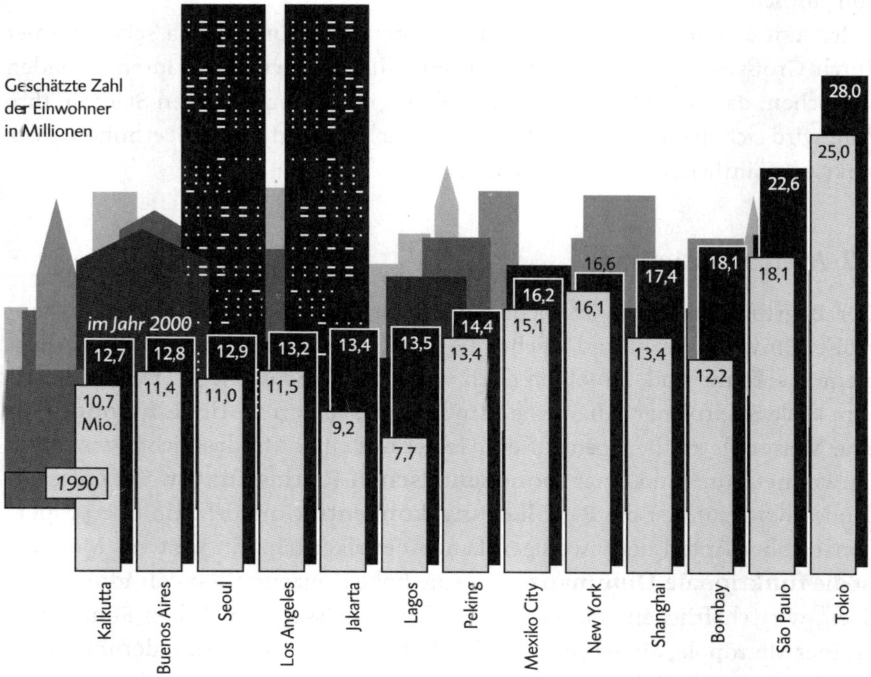

2 Ursachen und Folgen der Verstädterung in der Dritten Welt

2.1 Die Prozesse und Ursachen des städtischen Wachstums

Drei Prozesse treiben das Wachstum der städtischen Bevölkerung an:

- eine Umklassifizierung bisher als ländlich eingestufter Siedlungen nach Überschreiten einer bestimmten Einwohnerzahl bzw. als Folge von Eingemeindungen im Zuge von Verwaltungsgebietsreformen,
- das natürliche Bevölkerungswachstum (die Geburtenziffer liegt über der Sterbeziffer) und
- die Zuwanderung aus den ländlichen Regionen (Land-Stadt-Wanderung).

Weltweit sind nahezu 60 % des Wachstums der Städte auf den **natürlichen Zuwachs** zurückzuführen. In der Regel ist aber die Fertilität in den Städten geringer als auf dem Land, denn in Städten lebende Frauen heiraten später, haben einen besseren Zugang zu Gesundheits- und Familienplanungsdiensten und wenden mit größerer Wahrscheinlichkeit Verhütungsmittel an. Da aber die Altersgruppe zwischen 15 und 35 Jahre weit überproportional an der Land-Stadt-Wanderung beteiligt ist, erhöht sich auch der Anteil von Frauen im geburtsfähigen Alter (vgl. nachfolgende Abbildung).

Die Bevölkerungspyramide von Nairobi und Kenia im Vergleich (1979)

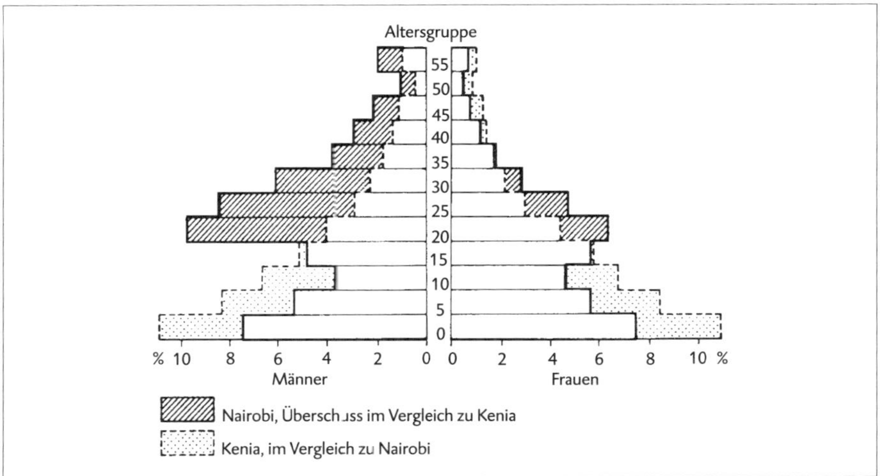

Folglich nehmen die Geburtenüberschüsse zu, selbst wenn die durchschnittliche Kinderzahl bei den städtischen Haushalten geringer ist als bei den ländlichen. Die hohen natürlichen Zuwachsraten in den Städten sind aber auch eine Folge der niedrigeren Mortalität, die höchstens in den Elendsvierteln so hohe Werte wie in ländlichen Regionen erreicht.

Die Ursachen der **Land-Stadt-Wanderung** unterteilt man in so genannte Pull- und Push-Faktoren. **Push-Faktoren** (Abstoßungskräfte) sind die, die einen Druck auf die Landbevölkerung ausüben, die ländlichen Regionen zu verlassen. **Pull-Faktoren** (Anziehungskräfte) sind Gründe, die die hohe Attraktivität der Stadt gegenüber dem Land erklären. Besucht man Entwicklungsländer, scheint das Elend in den Städten weitaus größer zu sein als in den Dörfern. Doch in Wirklichkeit und vor allem in der Vorstellung der Landbewohner ist das Gegenteil der Fall.

Im Folgenden sind einige **Motive der Migranten** aufgelistet die in den Entwicklungsländern als wichtigste Ursachen der Land-Stadt-Wanderung gelten.

Hoffnung auf einen Arbeitsplatz
Als Hauptmotiv gilt der Wunsch des Migranten nach einem höheren Einkommen oder seine größeren Hoffnungen auf einen Arbeitsplatz. Der hohe Bevölkerungszuwachs auf dem Land und die auch dort zunehmende Mechanisierung führen dazu, dass viele Dorfbewohner arbeitslos oder unterbeschäftigt sind. Die Stadt aber stellt eine Vielzahl von Arbeitsplätzen in Aussicht. Allerdings entfallen viele dieser städtischen Beschäftigungsmöglichkeiten auf den informellen Sektor. Mit Sicherheit bietet aber die Stadt für Personen mit höherer Bildung bessere und vielfältigere Berufschancen.

Sozialer Aufstieg
In der Stadt gelingt es viel leichter, die starren sozialen Schranken zu durchbrechen, die häufig auf dem Land das Leben von Geburt an bestimmen. Landarbeiter bleibt Landarbeiter, Großgrundbesitzer bleibt Großgrundbesitzer. In der Stadt gibt es viele neue Berufe in der Industrie und im tertiären Sektor. Diese Motive bewegen besonders Jugendliche, beeinflusst von den Massenmedien wie Radio und Fernsehen, die heute jedes weit abgelegene Dorf erreichen, die vorgegebene Hierarchie in Frage zu stellen.

Attraktivität des städtischen Lebens
Das Angebot von Dienstleistungen und Kultur- und Freizeiteinrichtungen ist in den Städten wesentlich besser entwickelt. Bildungsmöglichkeiten wie z. B. weiterführende Schulen, Universitäten und auch die Gesundheitsdienste sind von höherer Qualität. Der Migrant berücksichtigt dabei aber nicht, dass das

Leben in einer Favela ohne Wasser- und Energieversorgung und ohne Entsorgungsdienste genauso hart ist wie in seinem Heimatdorf.

Verschlechterung der Lebensbedingungen auf dem Land
Das starke Bevölkerungswachstum der einkommensschwachen Gruppen verstärkt in den ländlichen Regionen den Druck auf die verfügbaren Land-, Brennstoff- und Wasserressourcen. Einhergehend mit Naturkatastrophen mindert dieser tägliche Überlebenskampf die Lebensqualität und zwingt die Menschen zur Migration in die Städte.

Der Prozess der Land-Stadt-Wanderung gewinnt ständig an Dynamik und beeinflusst nachhaltig die Lebensbedingungen in den Dörfern und Städten der Dritten Welt. Vom Land wandern nämlich besonders die wirtschaftlich und sozial aktiven jungen Menschen in der Altersgruppe zwischen 15 und 24 Jahren ab, die in der Regel unverheiratet sind. Viele der verheirateten männlichen Migranten lassen im Heimatdorf ihre Ehefrau und die Kinder zurück, um durch ihre neue Erwerbstätigkeit in der Stadt das Überleben ihrer Familie zu sichern. **Idealtypisch lassen sich vier Arten der Land-Stadt-Wanderungen unterscheiden**:

1. Wanderarbeit
   „Zirkulationswanderung“: Vorwiegend Männer, periodische Rückkehr aufs Land, z. B. zu landwirtschaftlichen Arbeitsspitzen.
2. „Eine Familie – Zwei Haushalte“
   Ebenfalls vorwiegend Männer, aber permanentes Einrichten in der Stadt.
3. „Leben in zwei Welten“
   Ehefrauen sind zu ihren Männern in die Stadt gekommen; die Familien gehören aber noch zur Dorfgemeinschaft.
4. Permanentes Leben in der Stadt
   Ohne bedeutende Kontakte zur Herkunftsregion.

Diese werden nicht unbedingt als Stufen nacheinander durchlaufen, sondern stehen oft nebeneinander. Sie sind als Überlebensstrategien aufzufassen, deren Einsatz sich vor allem nach den Einkommensmöglichkeiten im städtischen Bereich ausrichtet.

Die Abwanderung aus den Dörfern ist jedoch nicht nur negativ zu sehen. Teilweise leben dort zu viele Menschen, um eine ökonomisch wie ökologisch ausgewogene Entwicklung zu ermöglichen. Erst die Stabilisierung der Bevölkerungszahl durch die Abwanderung in die Stadt kann im ländlichen Raum ein wirtschaftliches Wachstum in Gang setzen.

2.2 Verstädterungsprobleme in der Dritten Welt

Die Urbanisierung hat nicht allein die Ausdehnung der Stadtfläche und das Anwachsen der Stadtbevölkerung zur Folge sondern auch einen tiefgreifenden Strukturwandel, der trotz aller regionalen Unterschiede Gemeinsamkeiten aufweist: die Ausgliederung von Oberschichtvierteln in naturräumlich bevorzugte Wohnanlagen, die Herausbildung einer marginalen Bevölkerungsschicht und die Entstehung von Squattersiedlungen.

Modell der Land-Stadt-Wanderung[1]

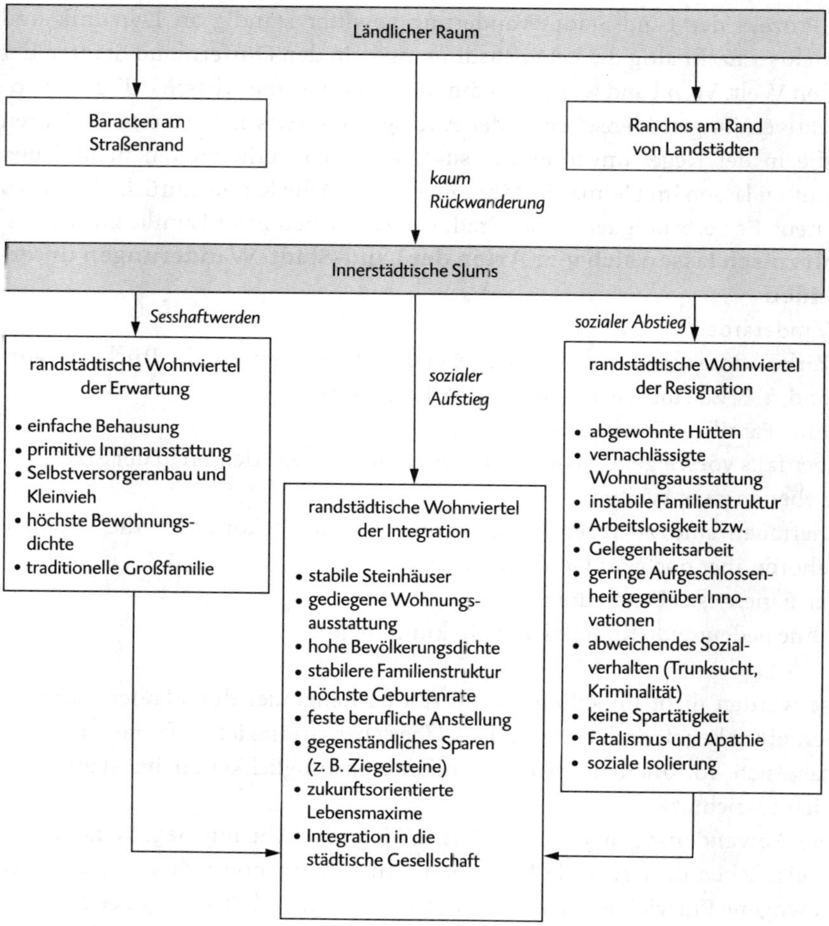

1 Quelle: Heinrich Pachner: Der städtische Vorort Baruta. Sozialgeographische Untersuchungen am Stadtrand von Venezuela. In: Stuttgarter Geographische Studien, Bd. 85, 1973, S. 183.

Das Modell der **Land-Stadt-Wanderung** zeigt, dass die Landflucht für viele Migranten erst einmal in den innerstädtischen **Marginalsiedlungen** endet. Oftmals finden die Zuwanderer keine feste Behausung und müssen sich eine notdürftige Unterkunft aus Kartons, Plastikfolien, Bastmatten oder Brettern an Straßenrändern, auf Friedhöfen, Müllhalden, Industriebrachen, in Parks oder unter Brücken schaffen. Erst nach einer längeren Phase der Neuorientierung und Sesshaftmachung erfolgt häufig in der Nähe einer dauerhaften Arbeitsstelle eine feste Ansiedlung in einem der zahlreichen randstädtischen Wohnviertel. In diesen ursprünglich informellen Squattersiedlungen wurde von den Bewohnern in Eigenleistung eine primitive Wasser- und Energieversorgung installiert. In vielen Fällen gelingt es nach Jahren die Siedlungsstruktur und die Wohnungen zu verbessern, die Zuwanderer steigen so in die städtische Unterschicht oder sogar in die untere Mittelschicht auf.

Die **Marginalisierung** und die **Massenarmut** gelten als gravierendstes Problem in den Großstädten. Die erheblichen sozioökonomischen Disparitäten zeigen sich in einer sehr reichen, aber zahlenmäßig nur sehr gering vertretenen Oberschicht, der eine breite Unterschicht gegenübersteht. Deren Haushalte verfügen kaum über ein regelmäßiges, den Lebensunterhalt sicherndes Einkommen. Schätzungen der Vereinten Nationen gehen davon aus, dass ein Drittel der städtischen Bevölkerung in der Dritten Welt, in den am wenigsten entwickelten Ländern sogar fast zwei Drittel als absolut arm zu bezeichnen sind. Geht man nicht nur von dem minimalen Grundbedarf für Nahrung, Kleidung und Unterkunft aus, sondern bezieht auch andere Grundbedürfnisse wie sauberes Trinkwasser, sanitäre Anlagen, ärztliche Versorgung, Schulbesuch u. a. mit ein, so muss man annehmen, dass 40–50 % der Großstadtbevölkerung in den Entwicklungsländern in ständiger Armut leben.

Innerstädtische Marginalsiedlung und Leben in Armut – Slum in Madras/Indien

Unterbeschäftigung und Unterbezahlung vor allem im **informellen Sektor** tragen zu den wachsenden sozioökonomischen Disparitäten bei. In den Großstädten der Dritten Welt besitzt lediglich die Hälfte der erwerbsfähigen Personen einen Arbeitsplatz im formellen Sektor, d. h. sie haben einen Arbeitsvertrag und sind sozialversichert (Kranken- und Rentenversicherung). Bei der großen Differenz zwischen Arbeitsuchenden und den angebotenen Arbeitsplätzen müssen die Zuwanderer jede Arbeit zu oft ungünstigen Bedingungen annehmen um ihre physische Existenz zu erhalten. Die Beschäftigung im informellen Sektor wie z. B. ambulanter Handel, Schuhputzen, Autowaschen, Mülltransport und -verwertung, aber auch Schmuggel, Drogenhandel und Prostitution hat in den vergangenen Jahren erheblich an Umfang und Bedeutung zugenommen. Kennzeichen des informellen Sektors sind die nur tage- oder stundenweise Beschäftigung, minimale Löhne, z. T. Eigenbeschäftigung, fehlende gesetzliche Absicherung, geringe Arbeitsproduktivität, Mithilfe aller Familienmitglieder und Kinderarbeit.

Informeller Sektor – „Transportunternehmer" im Senegal

Das explosionsartige Wachstum der meisten Großstädte in der Dritten Welt hat die vielerorts bereits unzureichende und veraltete **Infrastruktur** zusätzlich belastet. Die städtische Flächenexpansion, ausgelöst durch den informellen Wohnungsbau in den randstädtischen Hüttenvierteln, belastet die bestehenden infrastrukturellen Einrichtungen. Unzureichender Wegebau, störanfällige Elektrizitäts- und Wasserversorgung, fehlende Abwasser- und Müllbeseitigung stellen drängende raumplanerische Probleme dar. Die Gefahr des Auftretens lebensbedrohender Seuchen wie z. B. der Pest in den Elendsvierteln indischer Megastädte Mitte der 90er-Jahre zeigt nur allzu deutlich die gesundheitsgefährdenden Auswirkungen des unkontrollierten Städtewachstums.

Zu den wohnungsbaulichen-, sozioökonomischen und infrastrukturellen Defiziten kommen in zunehmendem Maße **stadtökologische Probleme**. So gilt Mexiko-City als die Stadt mit der höchsten Luftverschmutzung weltweit, die durch über 3 Mio. Kraftfahrzeuge und 30 000 Gewerbebetriebe verursacht wird.

In allen Städten in den Entwicklungsländern erfolgt keine oder nur eine unzureichende Aufbereitung und Klärung der Abwässer. Diese werden ungereinigt in die Vorfluter eingeleitet und nur wenige Kilometer flussabwärts wieder als Trinkwasser oder Brauchwasser entnommen. Haus-, Gewerbe- und Giftmüll werden nur selten fachgerecht entsorgt und meist auf unzureichend gesicherte oder wilde Mülldeponien gekippt. Zusätzlich werden Jahr für Jahr Tausende von Tonnen giftigen Sondermülls aus europäischen Ländern kostengünstig in den Entwicklungsländern „entsorgt".

Stadtökologische Probleme – Smog in Mexico-City

Die drohende Gefahr sozialer und innenpolitischer Spannungen und Auseinandersetzungen in den Großstädten und Metropolen der Dritten Welt als Folge der geschilderten Probleme konnte bisher Dank der staatlichen Duldung des informellen Wirtschaftssektors und des informellen Wohnungsbaus gebannt werden. Allerdings haben die ökologischen Belastungen so stark zugenommen, dass dringend Abhilfe geschaffen werden muss um möglichen Katastrophen vorzubeugen.

3 Die Stadt in verschiedenen Kulturräumen der Dritten Welt

3.1 Die lateinamerikanische Stadt

Die Bevölkerungsentwicklung in den Ländern Lateinamerikas wird geprägt von den demographischen Prozessen

- Bevölkerungswachstum,
- Verstädterung und
- Metropolisierung.

Drei Viertel der Gesamtbevölkerung Lateinamerikas lebt in Städten. Angeführt wird der Verstädterungsprozess von einigen wenigen Metropolen.

Der Prozess der Verstädterung durch natürlichen Zuwachs und Migration begann Ende des 19. Jahrhunderts in Chile, Argentinien und Uruguay, wo die **primate cities** zu den Bevölkerungsmagneten wurden. Erst in den 20er- und 30er-Jahren setzte das rasche Wachstum der Städte in Mexiko, Venezuela und Brasilien ein.

Verstädterung in den Ländern Lateinamerikas[2]

Land, größte Stadt	Verstädterungsgrad in %			Wachstumsrate der städt. Bevölkerung in %/J.			Einwohner-Zahl der größten Stadt 1995	
	1950	1970	1995	1950/55	1970/75	1990/95	Mio.	% der Ges.-Bev.
Argentinien, Buenos Aires	65	78	88	3,3	2,2	1,5	11,0	32
Brasilien, São Paulo	36	56	78	5,5	4,4	2,7	16,4	10
Chile, Santiago	58	75	86	3,8	2,5	1,9	5,1	36
Jamaica, Kingston	27	41	55	4,3	3,0	2,6	0,6	24
Kolumbien, Bogotá	37	57	73	5,6	3,4	2,6	5,2	14
Kuba, La Habana	49	60	76	2,9	3,0	1,6	2,2	20
México, México-Stadt	43	59	75	4,7	4,4	2,7	15,6	17
Perú, Lima	35	57	72	5,3	4,1	3,1	7,5	31

2 Quelle: J. Bünstorf: Lateinamerikanische Städte im Globalisierungsprozeß als Aufgabe für den Geographieunterricht. In: Regensburger Beiträge zur Didaktik der Geographie, Band 5, 1998, S. 32

Modell der spanisch-amerikanischen Stadtentwicklung

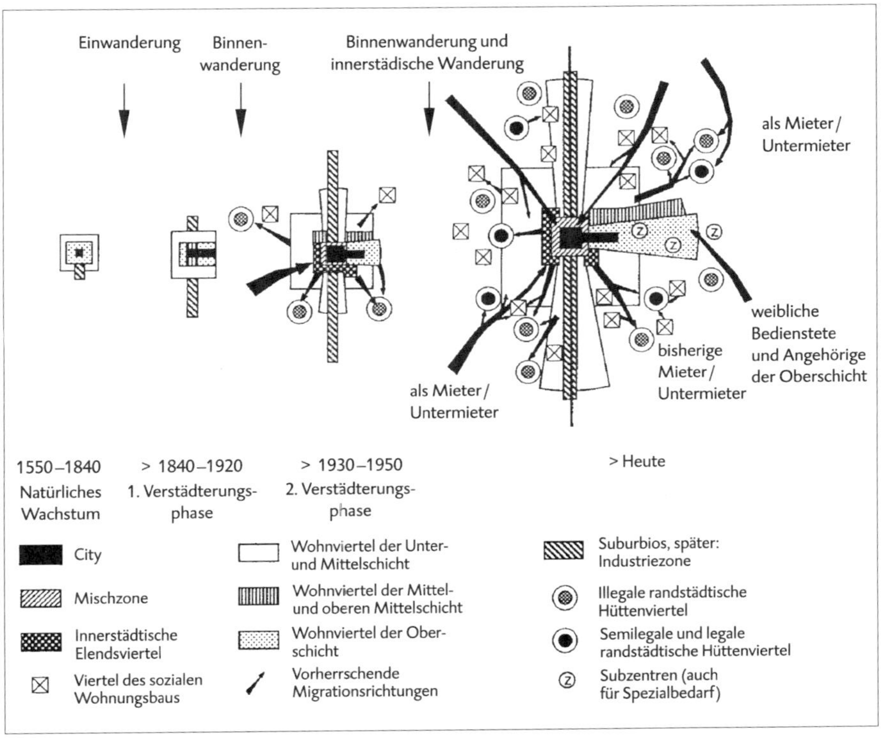

Es gibt verschiedene Modelle, die räumliche Organisation sowie die funktionale und sozialräumliche Struktur der lateinamerikanischen Großstadt einschließlich der Entwicklungsdynamik grafisch darzustellen. In der obigen Abbildung wird versucht, die komplexe Struktur der Stadt durch **historische Querschnitte** aufzulösen: Die Entwicklung verläuft von der konzentrischen Anordnung in der Kolonialzeit über die symmetrische Stadtentwicklung in den frühen Wachstumsphasen hin zur asymmetrischen Stadtstruktur und den zugehörigen sozioökonomischen Messgrößen in der Gegenwart. Dieses Modell ist geeignet, die wichtigsten Problembereiche im Prozess der Verstädterung und Metropolisierung anzusprechen.

Modell der lateinamerikanischen Großstadt

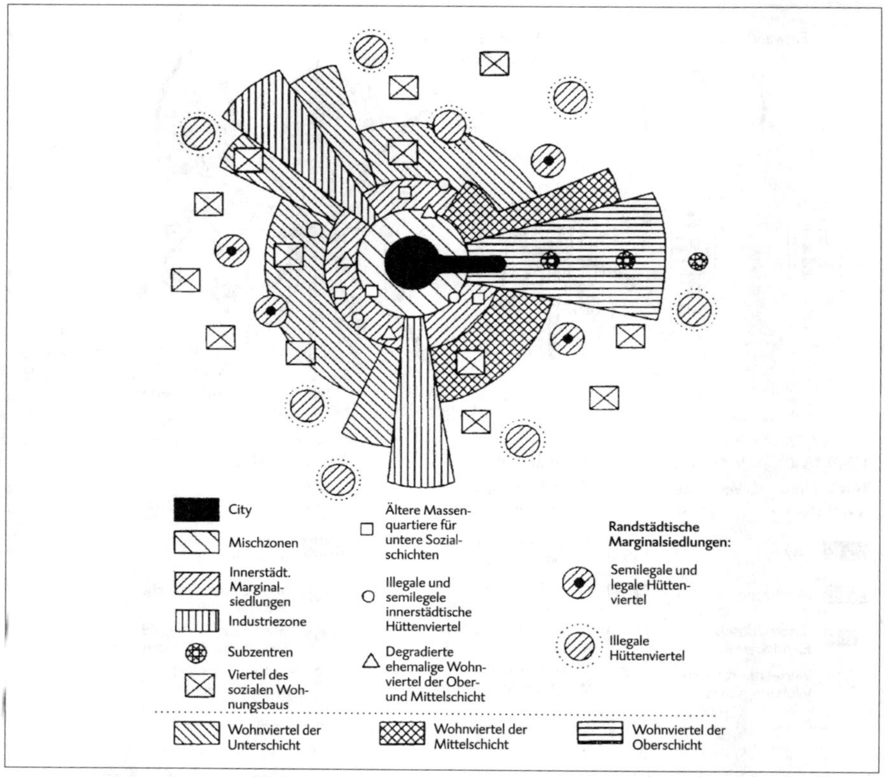

Kennzeichen der **sozialräumlichen Differenzierung** innerhalb der lateinamerikanischen Stadt sind die Lage von

- innerstädtischen Marginalsiedlungen der Unterschicht ringförmig um das Stadtzentrum, bestehend aus innerstädtischen Hüttenvierteln und degradierten Wohnvierteln höherer sozialer Schichten oder aus älteren Massenquartieren,
- Wohnvierteln der Unterschicht ringförmig im Randbereich der Stadt und in Sektoren entlang der ins Umland reichenden Industriezonen,
- randstädtischen Marginalsiedlungen der Unterschicht in Form isolierter Hüttenviertel **(„favelas", „barriadas")** am Stadtrand oder im Umland,
- Wohnvierteln der Mittel- und Oberschicht in Sektoren mit Anschluss an das Stadtzentrum,
- Vierteln des sozialen Wohnungsbaus vor allem in den Wohngebieten der Mittelschicht und am Stadtrand.

Das Erscheinungsbild und die infrastrukturelle Ausstattung der **Marginalsiedlungen** lateinamerikanischer Städte werden in den **Innenstädten** geprägt durch Massenquartiere in mehrgeschossigen Mehrfamilienhäusern (ehemalige Wohngebäude der Mittel- und Oberschicht), die sich in einem extrem schlechten Bauzustand befinden sowie eine dichte Wohnbelegung durch die Vermietung einzelner Bettstätten und die Errichtung zusätzlichen Wohnraumes auf Dächern, in Höfen und Baulücken. Ein Anschluss an das öffentliche Versorgungs- und Entsorgungsnetz ist vorhanden.

Charakteristisch für den **Stadtrand** sind **Hüttenviertel** in ebenerdiger Bauweise, behelfsmäßige Behausungen aus einfachen Baumaterialien und eine fehlende oder unzureichende Infrastruktur.

Der Prozess der Metropolisierung wird heute in vielen Ländern Lateinamerikas als ernstzunehmendes Entwicklungsproblem gesehen. Das übermächtige Wachstum weniger Großstädte oder oft sogar einer einzigen primate city führt zu einer **Verschärfung der räumlichen Disparitäten**. Die Konzentration staatlicher, wirtschaftlicher und wissenschaftlich-kultureller Institutionen führt zu einem Entzug menschlicher („brain drain") und materieller Ressourcen in den übrigen Landesteilen und wertet diese als Ergänzungs- oder Ausbeutungsraum ab. Um dieser Entwicklung Einhalt zu gebieten, sind Maßnahmen zur Modernisierung der Wirtschaft ländlicher Regionen (z.B. Landreformen und Agrarreformen in der Landwirtschaft, Ansiedlung arbeitsintensiver Industrien, Ausbau der Infrastruktur) dringend erforderlich.

3.2 Die Stadt im Islamischen Orient

Merkmale der orientalischen Stadt

Wenn man davon ausgeht, dass es in formaler, funktionaler und kulturhistorischer Hinsicht einen Grundtyp der **orientalischen Stadt** gegeben hat, muss man jedoch sehen, dass sich dieses Grundmuster seit dem 19. Jahrhundert grundlegend verändert hat und vielfältig differenziert ist. So veränderte sich bereits in der Zeit der kolonialen Fremdbestimmung die traditionelle Stadtkultur und die Physiognomie der Stadt. Neben der Altstadt **(Medina)** entstanden nach europäischen Vorbild koloniale Neustädte **(ville nouvelle)**. Eine weitere Ursache für den Wandel ist das städtische Wachstum. Die weltweite Urbanisierung hat auch die Länder im Orient erfasst und verändert.

Modell der orientalischen Altstadt (Medina) und Stadterweiterungen seit Mitte des 19. Jahrhunderts

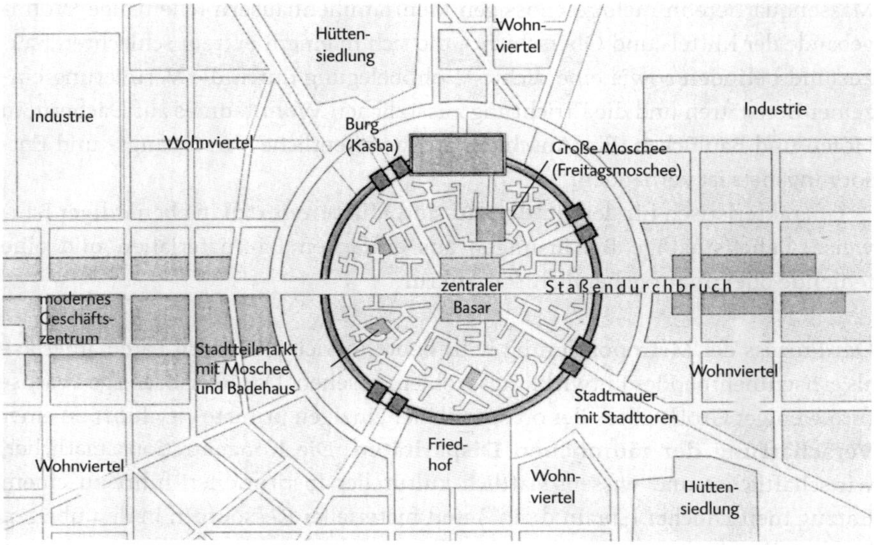

Medina in einer algerischen Kleinstadt

Charakteristische Merkmale der traditionellen Medina:

- Sackgassen sind das grundlegende Element des Grundrisses in der Altstadt und entsprechen dem Streben nach Schutz der Privatsphäre. Die sich an die Sackgassen anschließenden Wohnhäuser sind um einen Innenhof angeordnet und auf diesen Hof hin geöffnet. Nach außen besitzen die in der Regel einstöckigen Wohnhäuser keine Fenster.
- Die **Große Moschee** (Freitagsmoschee) stellt das religiöse und politische Zentrum der Stadt dar.
- Der **Suq** oder **Basar** liegt im Zentrum der Medina meist neben der Moschee. Er ist das Handels-, Gewerbe- und Finanzzentrum, in dem sich auf engstem Raum die Standorte des Einzelhandels, Groß- und Fernhandels und des Handwerks vereinigen. Der Basar ist nach Branchen und Gewerben gegliedert. Der Baubestand des Basars wurde seinen Funktionen angepasst. Die engen Bazargassen sind vor der Sonne geschützt oder überdacht. Früher wurde der Basar nachts durch Tore verschlossen. Wohnungen gibt es im Basar nicht.
- Die Bewohner der verschiedenen Wohnquartiere in der Altstadt gehören einer Konfession an oder sind gleicher ethnischer oder regionaler Herkunft **(Segregation)**. Innerhalb der Wohnviertel besteht ein enger Zusammenhalt, die persönlichen Kontakte zwischen verschiedenen Wohnquartieren sind jedoch gering. Jedes Wohnviertel besitzt seine eigenen zentralen Einrichtungen wie Gotteshaus (Moschee, Kirche, Synagoge), Markt, Bad, Schule und Friedhof.
- **Zitadelle** und **Stadtmauer** dienten einst dem Schutz der Stadt und waren Verwaltungs- und Repräsentationsbauten des Machthabers und der Militärverwaltung.

Durch das in der zweiten Hälfte des 19. Jahrhunderts einsetzende Bevölkerungswachstum dehnte sich die Wohnbebauung noch in traditioneller Bauweise über die Stadtmauer hinaus aus. Im Anschluss an die Altstadt entstanden moderne Stadtteile mit geradliniger Straßenführung, europäischer Wohnbebauung und modernen Geschäftszentren mit Bürogebäuden, Banken und Hotels in der Nähe zu den Bahnhöfen für die Überlandbusse und die Eisenbahn. Der traditionelle Einzelhandel dagegen behält seinen wichtigsten Standort im Basar. Entlang der Ausfallstraßen und am Stadtrand liegen neue Gewerbe- und Industriegebiete. Die reiche Oberschicht gab als erste Bevölkerungsgruppe ihren Wohnstandort in der Altstadt auf und zog in neue stadtnahe, nach europäischem Vorbild angelegte und landschaftlich reizvolle Villenviertel. Aber auch die modern-westlich orientierte Mittelschicht verlässt die Altstadtquartiere und wohnt jetzt in den mehrgeschoßigen Wohnhäusern der Vorstädte. In den zum Teil baufälligen Häusern der Altstadt finden nun viele Zuwanderer eine einfache und billige Unterkunft. Am Stadtrand entstehen ärmliche Hüttenviertel. Die Urbanisierung hat in der orientalischen Stadt dazu geführt, dass die traditionelle ethnisch-religiöse Segregagation einer sozialen Differenzierung gewichen ist.

Kairo – Entwicklungsprobleme der Metropole des islamischen Orients

Kairo, die größte Stadt Afrikas und des Orients liegt an einem optimalen Standort innerhalb Ägyptens, dort, wo sich das schmale fruchtbare Niltal in den weiten Trichter des Nildeltas öffnet. In dieser Agglomeration leben nach Schätzungen (1997) 15 Mio. Menschen. Tag für Tag wächst die Einwohnerzahl um 700 Menschen, für die neuer Wohnraum, Arbeitsplätze und Infrastruktureinrichtungen geschaffen werden müssen.

In der Altstadt von Kairo finden sich die genannten typischen Strukturelemente der orientalischen Stadt. Lediglich die klare räumliche Trennung der Wohn- und Bazarfunktion fehlt. Mit der Übernahme der ägyptischen Verwaltung durch die Briten 1882 wurde Kairo zum kolonialen Verwaltungszentrum. Die wachsende Nachfrage nach Arbeitskräften im Dienstleistungs- und Bausektor führte zu einem raschen Bevölkerungsanstieg. In der ersten Hälfte des 20. Jahrhunderts verdreifachte sich die Einwohnerzahl von 700 000 auf über 2 Mio. Durch die dramatische Beschleunigung des Bevölkerungswachstums in den vergangenen Jahrzehnten wurde die **Wohnungsversorgung** zum Kernproblem in Kairo. Siedlungsland ist in der Agglomeration wegen der intensiven Nutzung geeigneter Flächen als Bewässerungsland knapp und teuer. Die überwältigende Mehrheit der unteren und mittleren Einkommensgruppen, die etwa vier Fünftel der Bevölkerung Kairos stellen, ist darauf angewiesen, im **informellen Wohnungssektor** eine Unterkunft zu finden.

Siedlungstypen im Großraum Kairo

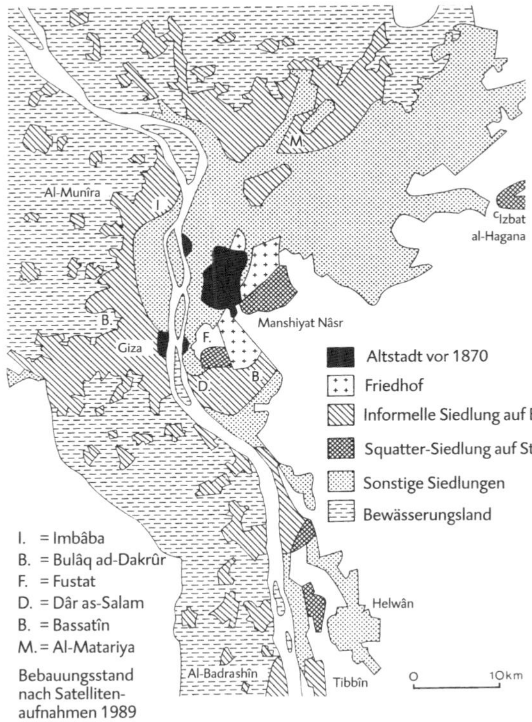

Mit wenigen Ausnahmen liegen die informellen Siedlungen auf dem für die Versorgung der Bevölkerung dringend benötigtem Bewässerungsland. Die häufig in Eigenarbeit ohne Baugenehmigung errichteten Wohnhäuser sind meist solide gebaut und nicht mit Hüttensiedlungen anderer Metropolen der Dritten Welt zu vergleichen. In Abhängigkeit vom verfügbaren Kapital und der Familiengröße wachsen diese Wohnbauten über Jahre hinweg stockwerkweise in die Höhe. Aber auch in der Altstadt lösen die steigenden Immobilienpreise einen Bauboom aus. Selbst auf den Friedhöfen werden Grabhäuser von Zuwanderern als Behausung genutzt und mit Strom- und Wasseranschlüssen ausgestattet.

Um dem unkontrollierten Ausufern der Metropole und der Überbauung des Bewässerungslandes Einhalt zu gebieten, hat Ägypten bereits 1977 mit dem Bau von **Entlastungsstädten** in der Wüste begonnen.

Lage der neuen Städte in Ägypten

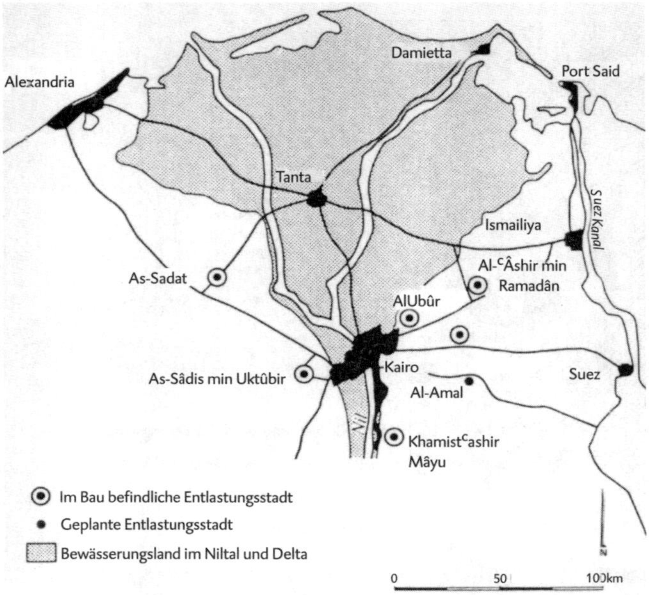

Während die näher an Kairo gelegenen neuen Städte als Schlafstädte geplant waren, sollten die weiter entfernt liegenden Siedlungen über genügend Arbeitsplätze für die aus Kairo zugezogene Bevölkerung verfügen. Während sich bei der angestrebten **Dezentralisierung** der Industrie bereits große Erfolge registrieren lassen, war die erhoffte Dezentralisierung der Bevölkerung weniger erfolgreich.

Einwohner und Industriebeschäftigte in den neuen Städten Ägyptens[3]

Neue Stadt	Einwohner (in 1 000) geplant bis 1989	Einwohner (in 1 000) tatsächlich bis 1994	Industriebeschäftigte (in 1 000) bis 1995
Al- ^{c}Âshir min Ramadân	250	105	116
As-Sâdis min Uktûbir	250	100	94
As-Sâdât	143	18	12
Insgesamt	643	223	222

3 © Günter Meyer, Geographisches Institut der Universität Mainz

Grund ist eine verfehlte Wohnungspolitik, die vor allem die Errichtung von Eigentumswohnungen gefördert hat. Viele dieser Wohnungen dienen den Käufern nur als Kapitalanlage oder Spekulationsobjekt und stehen deshalb leer. Für die Beschäftigten in den nahe gelegenen neu errichteten Industriebetrieben sind diese Wohnungen jedoch unbezahlbar. So pendeln heute täglich über 200 000 Arbeitskräfte aus ihren informellen und übervölkerten, mit unzureichender Infrastruktur ausgestatteten Siedlungen in Kairo in die neuen Städte mit ihren modernen, überwiegend leer stehenden Wohnungen und hervorragender, aber kaum genutzter Infrastruktur.

3.3 Verstädterung in Schwarzafrika

Stadtentwicklung in den Ländern südlich der Sahara

Afrika ist neben Asien der am wenigsten verstädterte Erdteil. 1998 lebte erst ein Drittel der Bevölkerung in Städten, während die Verstädterungsraten, d. h. das Wachstum der Stadtbevölkerung in den afrikanischen Ländern gegenwärtig weltweit am höchsten sind. Die Ausbreitung städtischer Wirtschafts- und Lebensformen in den ländlichen Raum, die Urbanisierung, ist dagegen noch wenig ausgeprägt.

Traditionelles Dorf im Senegal

Die Verstädterung setzte erst in den 50er-Jahren ein. 1950 gab es zwei, 1960 drei Agglomerationsräume mit mehr als 1 Mio. Einwohner, 1990 aber bereits 25, davon 16 im sub-saharischen Afrika.

Die kolonialen Handelsplätze und die Zentren der Kolonialverwaltung wachsen dabei stärker als die einheimischen Städte. Die von Europäern für

Europäer errichteten Städte wie z. B. Nairobi, Lusaka oder Harare wirken noch heute, trotz Afrikanisierung, als Fremdkörper in der heimischen Gesellschaft und Kultur.

In vielen afrikanischen Städten ist das Stadtentwicklungskonzept der Kolonialzeit wie z. B. die räumliche Trennung der Nutzungsfunktionen und die architektonische Gestaltung des Grund- und Aufrisses deutlich zu erkennen. Industriezonen entwickeln sich sektoral entlang der Verkehrsachsen und die Ausweitung tertiärer Funktionen erfolgt vor allem in der Nähe der Wohnviertel höherer sozialer Schichten. Ausufernde Marginalsiedlungen prägen aber auch hier die Physiognomie der Städte.

Agglomerationsräume und Bevölkerungszunahme in Afrika 1950–2010[4]

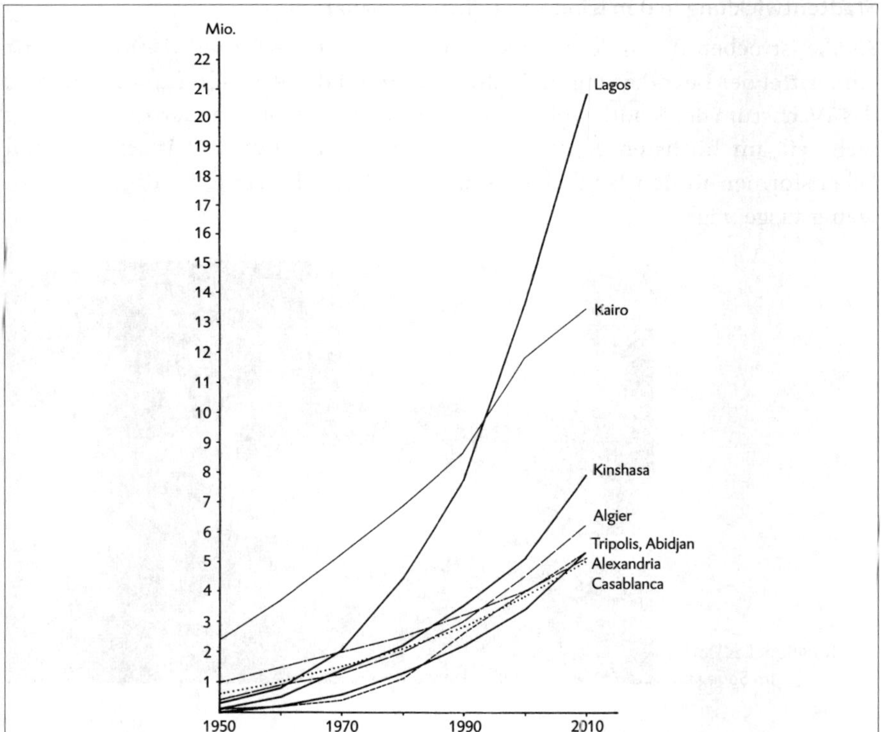

4 © Wolf Gaebe, Geographisches Institut der Universität Stuttgart

Mehr als ein Drittel der Stadtbewohner leben in den meist am Stadtrand gelegenen **Squattersiedlungen** (shanty towns, bidonvilles), die häufig illegal errichtet wurden. Die desolate wirtschaftliche Situation vieler Länder Schwarzafrikas verhindert in den Städten die Sanierung und Modernisierung der bestehenden Infrastruktur, von einem Ausbau oder einer infrastrukturellen Erschließung der Squattersiedlungen kann keine Rede sein.

Das Bevölkerungswachstum afrikanischer Städte ist Ergebnis der nicht enden wollenden Zuwanderung und eines daraus resultierenden hohen natürlichen Zuwachses. Die jahrzehntelange wirtschaftliche Vernachlässigung des ländlichen Raumes und die Bevorzugung der Städte bei privaten und öffentlichen Investitionen einheimischer und ausländischer Geldgeber lässt für die Migranten die Beschäftigungs- und Einkommenssituation in den Zielgebieten weit besser erscheinen als sie in Wirklichkeit ist. Im Gegensatz zu Lateinamerika und Asien ist die Land-Stadt-Wanderung aber keine Einbahnstraße. Typisch sind vielmehr **zirkuläre Wanderungen** zwischen Stadt und Land, bei denen die Migranten nach dem Ende ihrer Berufstätigkeit wieder in ihr Heimatdorf zurückkehren. Geteilte Haushalte sind somit typisch für die Existenzsicherungsstrategien in Afrika. Ein weiteres Merkmal afrikanischer Städte ist die zunehmende **Subsistenzwirtschaft**, für die der Anbau von Nahrungsmitteln in Hausgärten und auf ungenutztem Boden in der Stadt oder im nahen Umland eine wichtige Versorgungsgrundlage darstellt. Diese Selbstversorgung ist eine Reaktion auf die völlig unzureichenden Lebensbedingungen in den afrikanischen Städten südlich der Sahara, in denen immer mehr Bewohner ihre Grundbedürfnisse an Nahrung, Unterkunft und Einkommen nicht decken können.

Aber auch die regionalen Disparitäten zwischen den Städten und dem ländlichen Raum verschärfen sich zusehends. Die Städte tragen wenig zur Entwicklung des gesamten Landes bei, trickle-down- und spread-Effekte sind gering. Im Gegenteil entziehen die Städte dem ländlichen Raum seine Ressourcen wie z. B. agrarische und mineralische Rohstoffe oder qualifizierte Arbeitskräfte.

Lagos – eine Metropole in Schwarzafrika

Die erste Siedlung wurde im 15. Jahrhundert auf der Insel Iddo im Golf von Guinea gegründet. Wirtschaftliche Bedeutung gewann im 18. Jahrhundert der Sklavenhandel und im 19. Jahrhundert der Handel mit Palmöl und anderen lokalen Produkten. Portugiesische Händler nannten den Ort Lagos, was soviel wie Lagune bedeutet. 1851 besetzten die Briten Lagos. Anlass war die Unterbindung des Sklavenhandels und die Ausweitung des Kolonialhandels mit tropischen Agrarprodukten. 1901 wurde die Stadt Verwaltungssitz und damit zum wichtigsten Handelszentrum der Kolonie Nigeria. Das wirtschaftliche Wachstum der Stadt wurde durch die **verkehrsgünstige Lage** gefördert: die Lagune bot einen sicheren natürlichen Hafenplatz, von dem aus Straßen und Eisenbahnstrecken das Hinterland erschlossen. Die wachsende Beschäftigung im Bereich der öffentlichen Verwaltung, die Ausweitung des Handels und die Anfänge der Industrialisierung ließen die Bevölkerungszahl von 40 000 um 1900 auf 250 000 1950 ansteigen. Die bis dahin größte Stadt Ibadan, im Binnenland gelegen und ausschließlich von Afrikanern bewohnt, verlor dagegen zusehends an Bedeutung.

In Lagos entstanden als Folge des **Bevölkerungswachstums** neue Stadtteile, die sich in der ethnischen Herkunft und dem Sozialstatus ihrer Bewohner unterscheiden, z. B. Angehörige des Yoruba-Stammes, Angehörige der afrikanischen Oberschicht, Zuwanderer aus den verschiedenen Stammesgebieten Nigerias und Europäer. Die nach 1945 zunehmende Ansiedlung von Industriebetrieben in Hafennähe ließ die Einwohnerzahl weiter rasch ansteigen. Die politische Unabhängigkeit 1960 und die Hauptstadtfunktion steigerten die Attraktivität der Stadt für ausländische Investoren. Lagos ist heute die **Primatstadt** Nigerias. Hier konzentrieren sich:

- 26 % aller nigerianischen Arbeitsplätze,
- 40 % aller Industriebeschäftigten des Landes,
- 50 % aller Industriebetriebe Nigerias,
- 83 % aller Importe, die im Hafen von Lagos umgeschlagen werden.

Die staatlichen Behörden versuchen durch die **Dezentralisierung** von Wirtschaft und Verwaltung der Konzentration städtischer Funktionen im Zentrum von Lagos entgegenzuwirken. Neu errichtete Subzentren mit gut ausgestatteter Infrastruktur und neu erschlossenen billigen Gewerbeflächen sollen die Verlagerung von Betrieben in das Umland fördern. Die **Hauptstadtverlagerung** nach Abuja im Zentrum Nigerias hat neben den politischen Hintergründen (Afrikanisierung der Hauptstadt, zentrale Lage) auch das Ziel, die Ballung von höchstrangigen öffentlichen Verwaltungseinrichtungen (Regierungsbehörden, ausländische Botschaften, Niederlassungen internationaler Organisationen) zu lockern und die anhaltende Zuwanderung nach Lagos einzudämmen.

Industrialisierung in Entwicklungsländern

1 Nachholende Industrialisierung

Die klassische Arbeitsteilung aus der Kolonialzeit, in der die Länder der Dritten Welt Kolonialwaren, d.h. agrarische und mineralische Rohstoffe in die „Mutterländer" zu liefern hatten, während sie gleichzeitig Industrieprodukte aus Europa bezogen, hat heute nur noch teilweise Bestand. Zwar sind gegenwärtig noch viele, vor allem die ärmsten Entwicklungsländer bei ihren Exporten fast vollständig auf Rohstoffe ausgerichtet, aber andere und hier nicht nur die Schwellenländer konnten ihre heimische Industrieproduktion erheblich steigern und treten inzwischen sogar als ernstzunehmende Konkurrenten der Industrieländer auf dem Weltmarkt auf.

Traditionelle Weberei in Myanmar (Burma)

Wachstum und Modernisierung sind treffende Schlagwörter zur Charakterisierung der Entwicklungsstrategien vieler Länder in der Dritten Welt in den 60er- und 70er-Jahren. Ein Beispiel hierfür ist die **Wachstumsstrategie** des amerikanischen Ökonomen W. ROSTOW, wonach alle Länder fünf Entwicklungsphasen zu durchlaufen haben:

1. traditionelle Gesellschaft,
2. Übergangsgesellschaft,
3. Startgesellschaft,
4. reife Industriegesellschaft,
5. Massenkonsumgesellschaft.

Die kritische Phase für die Entwicklungsländer ist das dritte Stadium der Startgesellschaft, in dem es darum geht, einen sich selbst tragenden Wachstumsprozess **(Take-off)** einzuleiten. Haupthindernis ist der Kapitalmangel, der insbesondere durch massive Kapitalzufuhr von außen einschließlich der finanziellen Entwicklungshilfe überwunden werden sollte. Nach der **„Trickle-down“**-These hofften die Entwicklungspolitiker, dass die Kapitalzufuhr nicht bei den Eliten der Entwicklungsländer hängen bleibt, sondern auch die Mehrheit der Bevölkerung erreicht und in der Folge auch gesellschaftliche Strukturveränderungen in Richtung Modernisierung zu erwarten sind.

Bezogen auf die Wirtschaftssektoren führte das Ziel Industrialisierung in vielen Ländern zur Vernachlässigung der Landwirtschaft und zu einer Konzentration auf möglichst prestigeträchtige Industrieprojekte z. B. im Bereich der eisenschaffenden und eisenverarbeitenden Industrie (Errichtung von Stahlwerken u. ä.). Auch die Verlagerung arbeitsintensiver Industrieproduktion (vor allem Textilien, Bekleidung, Schuhe, Lederwaren, Spielwaren) aus den Industrieländern in die Entwicklungsländer galt lange Zeit als mögliche Chance, zusätzliche Investitionen anzulocken, Arbeitsplätze zu schaffen und neue Anteile am Welthandel zu gewinnen.

So gelang es vielen Entwicklungsländern ihre Industrieproduktion deutlich zu steigern. Berechnungen der industriellen Wertschöpfung zeigen eine Zunahme des Anteils der Entwicklungsländer an der weltweiten Industrieproduktion von 11,6 % 1975 auf 16,9 % 1993. Allerdings ist das Ziel eines Anteils von 25 % im Jahr 2000, das sich die Länder der Dritten Welt 1975 auf einer UN-Konferenz selbst steckten, nicht erreicht worden. In einigen Industriebranchen haben die Entwicklungsländer jedoch einen erheblich größeren Anteil gewonnen, überwiegend in der Nahrungsmittel- und Konsumgüterindustrie, die sowohl der Versorgung der heimischen Bevölkerung als auch dem Export in Industrieländer dienen.

Es ist aber zu beachten, dass über den Begriff „Industrie“ nur ungenaue Vorstellungen bestehen. Was zur Industrie gezählt wird, bleibt den jeweiligen statistischen Ämtern überlassen und die Angabe des Wertes der jeweiligen Industrieproduktion in US-$ führt zur Abhängigkeit des Indikators von sich ändernden Wechselkursen. Schwellenländer mit umfangreicher Industrie wie Brasilien (74 Mrd. US-$ industrielle Wertschöpfung 1993), Südkorea (55 Mrd. US-$) und Mexiko (51 Mrd. US-$) sind noch weit entfernt von einem Industrieland wie Frankreich (128 Mrd. US-$) oder Deutschland (311 Mrd. US-$). Vorsicht ist auch bei der Verwendung relativer Kennziffern geboten, denn der Anteil der Industrie am BIP betrug 1990 in Südkorea 32 %, in Deutschland 31 %, in Jamaika 20 % und in den USA 19 %. Es würden hierbei Länder zusammengefasst, die einerseits am Beginn ihrer Industrialisierung stehen und andererseits schon den Schritt in das so genannte postindustrielle oder tertiäre Zeitalter vollziehen.

Von einer Industrialisierung der Entwicklungsländer insgesamt kann nicht gesprochen werden. Einige Länder haben eine umfangreiche und vielfältige (diversifizierte) Industrie aufgebaut, andere besitzen nur eine recht kleine und wenig strukturierte Industrie. Vor allem die lateinamerikanischen und südostasiatischen Schwellenländer verzeichneten bis in die 80er-Jahren hohe industrielle Wachstumsraten, während in vielen Ländern Afrikas nach einem anfänglichen Aufschwung in den 60er- und 70er-Jahren inzwischen eine Entwicklung zur **Deindustrialisierung** stattgefunden hat.

Die industrielle Erschließung führte in der Vergangenheit in vielen Entwicklungsländern zu einer Verschärfung **regionaler Disparitäten.** Bevorzugte Entwicklungsschwerpunkte sowohl ausländischer als auch einheimischer Investoren waren in der Regel die Hauptstadtregionen und Küstenstandorte, da diese die besten infrastrukturellen Voraussetzungen für die Errichtung neuer Produktionsstandorte bieten. Diese Konzentration der wirtschaftlichen, aber auch der sozialen, politischen und kulturellen Aktivitäten auf einige wenige Zentren oder nur ein einziges Zentrum erfolgte auf Kosten des Hinterlandes, der Peripherie, die zunehmend in der Entwicklung zurückfällt.

2 Industrialisierung peripherer Regionen: Die Theorie der Wachstumspole

Die Gründung industrieller **Wachstumspole** in peripheren Regionen soll die dominierende wirtschaftliche Bedeutung bestehender Zentren mindern und den Ausgleich regionaler und wirtschaftlicher Disparitäten ermöglichen. Nach der Theorie der Wachstumspole ist es wichtig, sich auf wenige ausgewählte Räume zu konzentrieren (dezentralisierte Konzentration) und dort so genannte **Leitindustrien** zu fördern. Bei der Ballung wirtschaftlicher Aktivitäten gewinnt das Wachstum Eigendynamik, ruft die Gründung weiterer Betriebe hervor und breitet sich in benachbarte Regionen aus **(Spread-Effekte)**. Ansiedlungswillige Unternehmen in den Wachstumspolen kamen vor allem aus dem Ausland, insbesondere aus Europa, Japan oder Nordamerika. Mit zunehmendem Ausbau der Infrastruktur und wachsendem Marktvolumen für industrielle Konsumgüter war es für diese Konzerne mitunter vorteilhaft, mit Konsumgüterindustrien näher an den Absatzmarkt und mit Rohstoffveredelungsindustrien näher an den Standort der Rohstoffgewinnung zu rücken.

Nach heutiger Kenntnis ist der Versuch der peripheren Industrialisierung durch Gründung von Wachstumspolen sowohl in den Industrieländern als auch in den Entwicklungsländern häufig misslungen. **Die Gründe für dieses Scheitern sind vielfältig**:

- eine von außen gesteuerte Industrialisierung ist weniger an den Bedürfnissen des Landes und stärker an den Erwartungen der in den Weltmarkt eingebundenen Konzerne orientiert,
- weltmarkteingebundene Produktion und der Zwang zu internationaler Konkurrenzfähigkeit erfordern modernste kapitalintensive Technologien, weshalb der Beschäftigungseffekt dieser Betriebe vergleichsweise gering ist,
- die Industrie in den Wachstumspolen ist in der Regel monostrukturiert und bei veränderter Nachfrage auf dem Welt- und Binnenmarkt wenig flexibel,
- die industrielle Produktion erfolgt hauptsächlich in Form „verlängerter Werkbänke“, ein Technologie- und Know-How-Transfer findet kaum statt,
- die vom Staat zu leistenden Vorkosten für die notwendige Infrastruktur (Ausbau des Straßennetzes, Sicherung der Energieversorgung usw.) werden durch Kredite finanziert, die zu einer Erhöhung der Schuldenlast des Entwicklungslandes führen.

3 Entwicklung durch Industriefreihandelszonen

Sowohl einseitig binnenorientierte Entwicklungsmodelle als auch Strategien der auf Rohstoff- und Agrarexporten basierenden Weltmarktintegration führten in den meisten Ländern der Dritten Welt nicht zu nachhaltigen Entwicklungsimpulsen. Vielmehr verursachten sie hohe ökonomische, soziale und ökologische Kosten, die eine Zunahme der Armut der Bevölkerung zur Folge hatten. Diese Fehlentwicklung und die Globalisierung des Wettbewerbs veranlassten viele Staaten, bei ihrer zukünftigen Entwicklungsplanung stärker auf eine exportorientierte Industrialisierung zu setzen. Hierbei werden **Industriefreihandelszonen** als Motor einer **exportorientierten Entwicklungsstrategie** gesehen. Diese stellen besondere Enklaven außerhalb des nationalen Zollgebietes dar, wo zumeist ausländische Investoren eine Vorzugsbehandlung genießen oder massive Investitionsanreize erhalten:

- zollfreier Import von Vor- und Halbfertigprodukten und Kapitalgütern,
- langjährige Steuerbefreiungen,
- kostengünstige Bereitstellung von Infrastruktureinrichtungen und gewerblich zu nutzenden Gebäuden in neuerrichteten Industrieparks,
- Freistellung von nationalen Gesetzen z. B. im Arbeits- und Sozialrecht.

Voraussetzung für diese Vergünstigungen ist, dass nahezu die gesamte Produktion der in den Freihandelszonen ansäßigen Unternehmen wieder exportiert wird.

Vor allem in den Staaten Mittelamerikas und der Karibik sind die Industriefreihandelszonen ein wichtiger Bestandteil der jeweiligen Volkswirtschaft geworden. Hohe Arbeitslosenquoten, billige Arbeitskräfte, enge Binnenmärkte und ein geringes Pro-Kopf-Einkommen sind die Rahmenbedingungen einer Industrialisierung, die durch exportorientierte Montagewerke internationaler Konzerne gestützt wird. Die betroffenen Entwicklungsländer verfolgen so **zwei Ziele**:

- Erhöhung der Deviseneinnahmen,
- Schaffung von Arbeitsplätzen.

Für die ausländischen Investoren stellen die niedrigen Lohnkosten das ausschlaggebende Motiv für die Verlagerung arbeitsintensiver Produktionsprozesse dar. Die Standortkonkurrenz zwischen den „Niedriglohnländern“ der Dritten Welt führt jedoch zu einem globalen Wettbewerb, der auf dem Rücken der untersten Einkommensschichten ausgetragen wird, da im internationalen Vergleich Transport-, Kommunikations- und Infrastrukturkosten nur noch eine untergeordnete Rolle besitzen. So spezialisieren sich Unternehmen in ausgewählten Freihandelszonen in jüngster Zeit auf die Datenverarbeitung großer Dienstleistungsunternehmen wie Fluggesellschaften, Versicherungsunternehmen und Banken für den europäischen und nordamerikanischen Markt. Die Tertiärisierung wird als Chance zur Steigerung der Qualität der Arbeitsplätze und Standortsicherung der Freihandelszonen betrachtet.

4 Exportorientierte Industrialisierung

Die Erfolgsgeschichte der **„Vier Kleinen Tiger"** Singapur, Hongkong, Taiwan und Südkorea zeigt, dass auch Entwicklungsländer den wirtschaftlichen Aufstieg schaffen können und dies sogar ohne heimische Rohstoffbasis und ohne großen Binnenmarkt. Die **Ausgangssituation** dieser vier Länder war sehr ähnlich: Drei der vier Staaten liegen geografisch im Einflussbereich Ostasiens und geopolitisch in möglichen Unruhegebieten. Wirtschaftlich sind alle auf den pazifischen Raum ausgerichtet. Japan, die USA und China sind die wichtigsten Handelspartner.

Die Startbedingungen der Staaten waren nach der Kolonialzeit äußerst ungünstig. Die britische Kolonie Hongkong wurde nach der Machtübernahme der Kommunisten in China 1949 von Flüchtlingen überflutet, der Handel mit China kam zum Erliegen. Südkorea war nach dem 3-jährigen Krieg mit dem Norden fast völlig zerstört. Taiwan war bis 1945 japanische Kolonie und hier vor allem Rohstofflieferant, nach 1949 strömten über 2 Mio. chinesische Flüchtlinge auf die Insel. Der Stadtstaat Singapur galt zu Beginn seiner Unabhängigkeit von Großbritannien 1965 als wirtschaftlich nicht lebensfähig.

Echte Demokratien nach westlichem Muster gibt es in keinem dieser Länder. In allen Ländern argumentieren die Regierungen mit der Notwendigkeit einer straffen Staatsführung zur Sicherung des wirtschaftlichen Fortschritts.

Das Wertesystem in den vier Tiger-Staaten wird vom chinesischen Konfuzianismus geprägt, dessen Grundideen dabei an die Erfordernisse einer modernen Industriegesellschaft angepasst werden: Streben nach Harmonie, Fortschrittsglaube, eine hohe Arbeitsmoral, Arbeit als Kern der Selbstverwirklichung und eine stark rational geprägte, logische Denkweise.

Einkaufs- und Geschäftsstraße in Hongkong

Daneben besitzen die „Vier Kleinen Tiger" zahlreiche positive Entwicklungspotenziale, die ihren Aufstieg zu den **Schwellenländern** oder **NICs („Newly Industrializing Countries")** begünstigten:

- Küstenlage und gut ausgebaute Hafenstandorte durch infrastrukturelle Vorleistungen der früheren Kolonialmächte,
- konsequentes Bekenntnis zur Marktwirtschaft und das Privateigentum der Produktionsmittel,
- in Südkorea und Taiwan konnte durch Agrarreformen die agrarische Produktion deutlich gesteigert werden,
- Konsumverzicht und hohe Sparquote der Bevölkerung,
- gut ausgebautes Bildungs- und Ausbildungswesen,
- geringe Einflüsse von Gewerkschaften, dadurch niedrige Löhne, lange Arbeitszeiten, geringe Lohnnebenkosten.

Die kontinuierlich wachsende Attraktivität des asiatisch-pazifischen Raums wird oft damit begründet, dass die Entwicklung und die Industrialisierung der aufstrebenden Staaten nach einem ähnlichen Muster wie beim Vorbild Japans verlaufen. Danach erfolgt die wirtschaftliche Entwicklung Ost- und Südostasiens in mehreren zeitlich aufeinanderfolgenden, sich überlappenden Wellenbewegungen, die durch das **„Modell der Fluggänse"** beschrieben werden.

Produktion und Außenhandel im Modell der Fluggänse

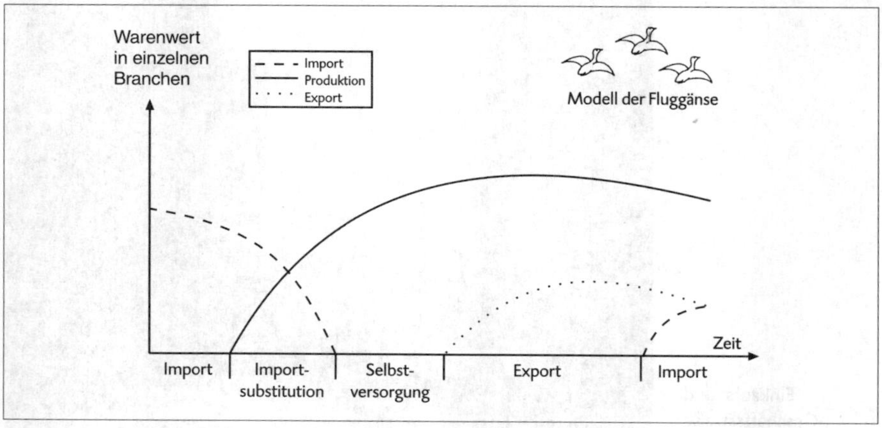

Das Modell der Fluggänse stellt einen gestaffelten Prozess dar: In den frühen 60er-Jahren gelang zuerst Japan der wirtschaftliche Take-off, es folgten in den 70er-Jahren Südkorea, Taiwan, Hongkong und Singapur. In den 80er-Jahren konnten Malaysia und Thailand die größten wirtschaftlichen Fortschritte erzielen, während die Entwicklung in China, auf den Philippinen, in Indonesien und Vietnam gegenwärtig noch nicht absehbar ist.

Exportstruktur nach Warengruppen (Anteil am Warenwert in %)[1]

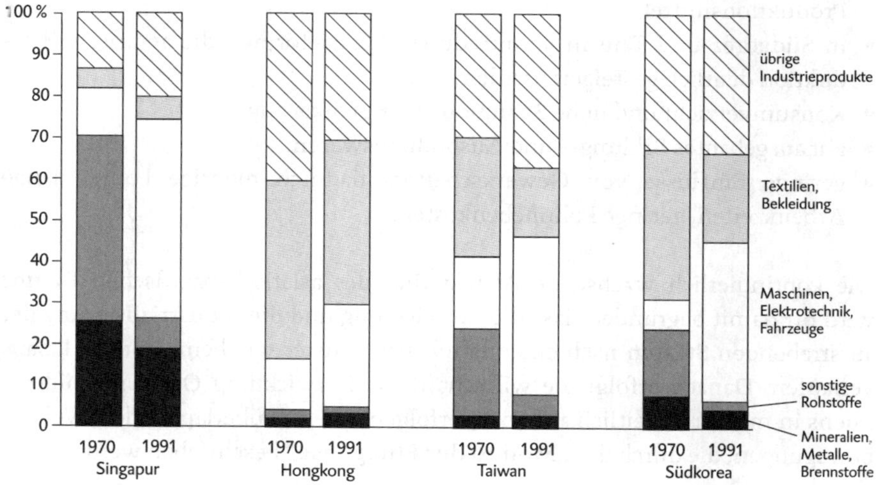

1 Nach Weltentwicklungsbericht 1993

Die Entwicklungsstrategie der exportorientierten Industrialisierung in den südostasiatischen Schwellenländer zeigt viele Gemeinsamkeiten:

- am Beginn steht die Abhängigkeit von Importen wegen fehlender eigener Industrieproduktion,
- Aufbau einer lokalen Industrie zur Herstellung einfacher, arbeitsintensiver Güter bei geringem Kapitalbedarf **(Importsubstitution)**,
- Anstieg der heimischen Industrieproduktion durch Einführung kapital- und ausbildungsintensiver Technologien bei gleichzeitig starkem Rückgang der Importe,
- Ausbau der Produktionskapazitäten über den Eigenbedarf hinaus und zunehmender Export preiswerter Massengüter,
- Steigerung der Ausfuhren durch kapital- und technologieorientierte Produktionsverfahren, Steigerung der Ausgaben für Forschung und Entwicklung und zunehmender Export hochwertiger Hightech-Produkte. Wegen Erhöhung der allgemeinen Produktionskosten (z. B. Lohnkosten) und Konkurrenz neu aufsteigender Schwellenländer Zunahme des Imports billiger Massengüter.

Aus der Sicht der asiatischen Entwicklungsländer erweckt das „Modell der Fluggänse" die Aussicht, dass ein Land ohne nennenswerte Rohstoffbasis über eine ausgeprägte Exportorientierung und mit einer gezielten Industriepolitik den Schritt vom unterentwickelten Dritte-Welt-Staat zum Schwellenland vollziehen kann. Die Finanz- und Währungskrisen 1997 und 1998 zeigten aber nur allzu deutlich, dass die alleinige Ausrichtung auf den Weltmarkt durch exportorientierte Industrialisierung die Gefahr unvorhersehbarer, tiefgreifender wirtschaftlicher Rezessionen, ausgelöst durch endogene oder exogene Einflüsse, erhöht.

5 Brasilien – Wirtschaftsgeschichte eines lateinamerikanischen Schwellenlandes

Seit der Kolonisation Brasiliens ist die Wirtschaft des Landes geprägt durch verschiedene Entwicklungsphasen, die boomartig auf die Ausbeutung einzelner Produkte, in der Regel agrarische und mineralische Rohstoffe, konzentriert waren.

Kolonisation und wirtschaftliche Erschließung

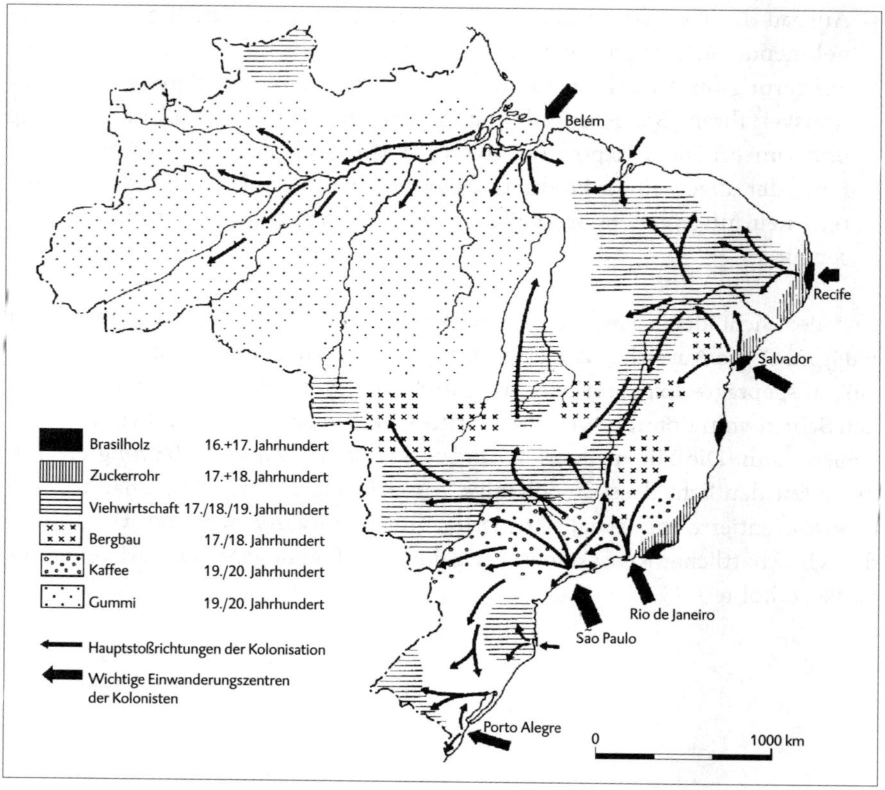

Die Ausbeutung des Landes wurde bis zur Unabhängigkeit 1822 von der Monopolbindung an das portugiesische Mutterland geprägt. Allerdings besaß Portugal seit dem 16. Jahrhundert eine schwache wirtschaftliche Position, die sich in einer vollständigen **ökonomischen Abhängigkeit** zuerst von Holland und später von England offenbarte. Portugal war so nur eine Submetropole zwischen dem eigentlichen metropolitanen Zentrum Europa und der brasilianischen Peripherie.

Der erste Rohstoff, der nach der Entdeckung Brasiliens im Jahr 1500 durch den Portugiesen PEDRO A. CABRAL, nach Europa exportiert wurde, war das namensgebende Brasilholz, das zum Färben verwendet wurde. Ab etwa 1530 begannen die Portugiesen im Nordosten mit dem Anbau von Zuckerrohr. Weite Bereiche der Küstenregionen um die aufblühenden Städte Recife und Salvador de Bahia wurden von Zuckerrohrplantagen genutzt. Die Weiterverarbeitung des Zuckers in den Zuckermühlen zog auch verarbeitendes Gewerbe an und verhalf den „Zuckerbaronen" zu großem Reichtum. **Salvador de Bahia** wurde zum Zentrum der portugiesischen Kolonialverwaltung und zur ersten Hauptstadt Brasiliens. Anlass für die vorübergehende Besetzung Nordostbrasiliens durch holländische Truppen 1624–1654 war der „Schutz" der konkurrierenden holländischen Zuckerproduktion in der Karibik und deren Absatz in Europa. In dieser Zeit ging die wirtschaftliche Bedeutung Nordostbrasiliens zurück. Der „Goldrausch" in der ersten Hälfte des 18. Jahrhunderts führte dann zu einer Verlagerung des wirtschaftlichen Zentrums in den Südosten, wo sich **Rio de Janeiro** zur wichtigsten Hafenstadt entwickelte. 1762 wurde Rio de Janeiro zum neuen Verwaltungssitz der Kolonie und 1822 nach der Unabhängigkeit zur Hauptstadt des neuen Staates erklärt.

Der **Kaffeeanbau** im Südosten Brasiliens begann in der ersten Hälfte des 18. Jahrhunderts. Vor allem die steigende Nachfrage in Europa und Nordamerika führten zu einem „Kaffeeboom". Die Kaffeepflanzer waren oft europäische Einwanderer, die vielfach über eine gute Ausbildung verfügten und auch unternehmerische Fähigkeiten besaßen. Kapital für neue Betriebsgründungen in Handwerk und Industrie war ausreichend vorhanden und die Nachfrage nach gewerblichen Produkten stieg an. Aber die Weltwirtschaftskrise 1929 zeigte erneut die Abhängigkeit Brasiliens von den politischen und wirtschaftlichen Ereignissen in den Zentren des Welthandels in Europa und Nordamerika. Der Kaffeeexport Brasiliens kam fast vollständig zum Erliegen, riesige Mengen mussten vernichtet werden.

Die Weltwirtschaftskrise hatte für Brasilien aber auch positive Folgen. Da die Deviseneinnahmen aus dem Kaffee-Export ausblieben mussten auch die Importe radikal gekürzt werden. Der Preisanstieg für europäische Konsumgüter verbesserte die Wettbewerbsfähigkeit lokal produzierter Industriewaren. Die brasilianische Regierung erzwang eine staatlich geförderte und mit großen staatlichen Investitionen flankierte Politik der nationalen **Importsubstitution**, d. h. die Produktion ehemals importierter Güter für den einheimischen Markt. Hohe Zölle für bestimmte Importgüter und Einfuhrbeschränkungen sollte die noch junge brasilianische Industrie vor der ausländischen Konkurrenz schützen. Innerhalb weniger Jahre stieg die Industrieproduktion um die Hälfte.

1950 wurden fast alle nicht dauerhaften Konsumgüter wie Nahrungsmittel, Getränke, Kleidung und Papierprodukte an Ort und Stelle produziert.

Der brasilianische Außenhandel war in den 50er-Jahren noch immer geprägt vom Export der herkömmlichen Güter und Rohstoffe in die europäischen und nordamerikanischen Staaten und dem Import wichtiger und teurer Halbfertigwaren, industrieller Produktionsanlagen und Luxuswaren. Das sich stetig vergrößernde Außenhandelsdefizit Brasiliens bedeutete das Ende der binnenorientierten, auf Importsubstitution ausgerichteten Wirtschaftspolitik.

Nach 1955 setzte sich im Land die Einsicht durch, dass die Industrie mit internationalem Kapital und Know-how umfassend modernisiert und konkurrenzfähig gemacht werden müsse. Nun beteiligten sich viele nordamerikanische, europäische und japanische Konzerne an brasilianischen Betrieben oder errichteten in eigener Verantwortung neue Zweigwerke. Ihr Ziel war, zum einen in Brasilien günstig für den Weltmarkt zu produzieren und zum anderen die Versorgung des brasilianischen Binnenmarktes mit seinen 70 Mio. Einwohnern. Ein Merkmal des **„brasilianischen Entwicklungsmodells“** ist die Aufteilung der Wirtschaftsbereiche zwischen dem internationalen Kapital (moderne Industriesektoren für Investitionsgüter und langlebige Konsumgüter), dem nationalen Kapital (traditionelle Industriesektoren für nicht dauerhafte Konsumgüter) und dem Staat (Infrastruktur, Grundstoffindustrie). Die wirtschaftliche Öffnung des Landes führte in den 60er- und 70er-Jahren zu einem erheblichen Wirtschaftsaufschwung. Brasiliens Wirtschaft wurde durch die Beteiligung der internationalen Konzerne in die Weltwirtschaft und das System der globalen Arbeitsteilung integriert. Immer mehr hochwertige Produkte wurden nun im Lande selbst hergestellt. Inzwischen kann Brasilien selbst Hightech-Produkte wie Flugzeuge oder Rüstungsgüter entwickeln und auf dem Weltmarkt erfolgreich absetzen.

Heute nimmt die verarbeitende Industrie eine wichtige Stellung in der Wirtschaft ein. 40 % des BIP werden von der Industrie erzeugt, und ein Viertel aller Beschäftigten ist in der Industrie tätig. Das sind für ein Land der Dritten Welt beachtliche Werte. Dass die in Brasilien hergestellten Waren auch höchsten Qualitätsansprüchen genügen, zeigt sich in der Exportstatistik. Zwei Drittel des Warenexportes entfallen auf Industriegüter und nur ein Drittel auf Rohstoffe und landwirtschaftliche Produkte. Einen besonders großen Aufschwung verzeichnet die Automobilindustrie. 1993 wurden 1,1 Mio. PKW hergestellt, genau so viel wie in Italien. Viele ausländische Automobilproduzenten haben in Brasilien Zweigwerke errichtet, u. a. Chrysler, Ford, Fiat, VW, Audi und Daimler-Benz. Allerdings beschränken sich die brasilianische Tochterunternehmen nicht nur auf den Nachbau europäischer oder amerikanischer Modelle. Bei VW do Brasil sind 70% aller ausgelieferten Fahrzeuge Modelle, die in Brasilien entwickelt wurden. In den 90er-Jahren fördert der brasilianische Staat die Steigerung der internationalen Wettbewerbsfähigkeit im Bereich der Spitzentechnologien, u. a. auf den Gebieten Informatik, Feinmechanik und Biotechnologie.

Das Entwicklungsprogramm Grande Carajas

1967 wurden in der Serra dos Carajas, 550 km südwestlich von Belem riesige mineralische Rohstoffvorkommen entdeckt, darunter Eisenerze mit 66% Fe-Gehalt.

Mineralische Rohstoffvorkommen in der Serra dos Carajás

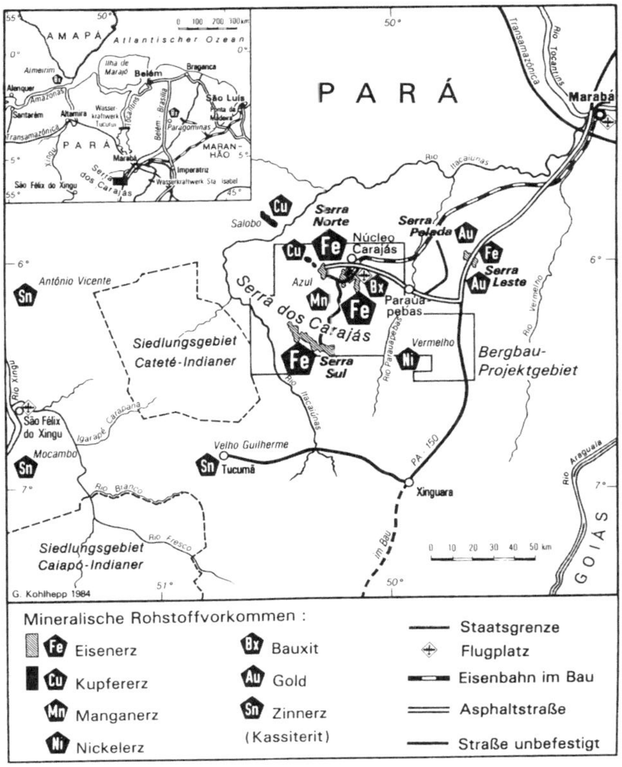

Das 1980 gestartete Entwicklungsprogramm „Grande Carajás“ umfasst drei Bereiche (vgl. Diercke Weltatlas und Alexander Schulatlas):

- Abbau und Aufbereitung von Eisen-, Mangan- und Kupfererzen sowie Bauxit mit entsprechend angeschlossener Industrialisierung,

- Errichtung der notwendigen Infrastruktur mit Bau einer 860 km langen Erzbahn von der Carajás-Region zum neuen Tiefwasserhafen bei Sao Luis und eines Wasserkraftwerkes mit einer Leistung von 4 000 MW,
- dazu vorwiegend exportorientierte landwirtschaftliche und agroindustrielle Vorhaben.

Als Anreiz für ausländische Investoren wurde eine Vielzahl steuerlicher Vergünstigungen und Subventionen gewährt, so z. B. eine Einkommensssteuerbefreiung für alle Unternehmen für 10 Jahre, zollfreie Einfuhr von Ausrüstungsgütern, verbilligter Energiebezug und staatliche Garantien für Kreditaufnahme im In- und Ausland.

Die Förderung des Eisenerzes erfolgt im Tagebau und kann voraussichtlich bis ins Jahr 2020 mit einer Jahreskapazität von 35 Mio. t betrieben werden. Zwei Drittel der geförderten Erze werden, durch langfristige Lieferverträge abgesichert, nach Japan, Deutschland, Frankreich, Luxemburg, Italien und Südkorea exportiert, der Rest geht in den einheimischen Markt. Brasilien ist heute der drittgrößte Stahlproduzent weltweit. Der Abbau der anderen Erzvorkommen wie z. B. Manganerz ist derzeit noch unbedeutend, da niedrige Weltmarktpreise einen Abbau unrentabel erscheinen lassen. Die größten industriellen Projekte des Programms, die Tonerde- und Aluminiumproduktion, basieren dagegen nicht auf den Rohstoffvorkommen der Serra dos Carajás, sondern auf den 1 000 km entfernten Bauxitlagerstätten am Rio Trombetas. Ihre Verhüttung erfolgt in Sao Luis und bei Belem im Gebiet des Carajás- Programms. Das brasilianisch-japanische Joint-Venture-Unternehmen musste aber seine Pläne wegen des Überangebots auf dem Weltmarkt stark reduzieren. Statt der geplanten 300 000 t Rohaluminium jährlich werden heute 100 000 t produziert, davon ungefähr die Hälfte für den Binnenmarkt.

Zur Sicherung der Energieversorgung der riesigen Industrievorhaben, v. a. der Aluminiumhütten, wurde 300 km von Belem entfernt am Rio Tocantins ein Wasserkraftwerk errichtet, das nach seiner Fertigstellung das viertgrößte Wasserkraftwerk der Welt ist. Der Tucurui-Stausee steht mit einer Länge von 200 km und einem Stauvolumen von fast 50 Mrd. m^3 weltweit an dritter Stelle.

Seit seiner Inbetriebnahme haben sich eine Reihe von ökologischen Problemen ergeben. Durch den Fäulnisprozess der bei der Anlage des Stausees nicht gerodeten und abgeräumten Biomasse entstehen toxische Gase und die Wasserhyazinthe droht die Filter an den Turbinen zu verunreinigen. Ein großes ökologisches Problem ist auch die Verhüttung des Eisenerzes mit Holzkohle. Seit 1982 hat in Brasilien der Holzkohleverbrauch in der Industrie um 50 % zugenommen und auch in der Region Carajás sollten jährlich 25 Mio. m^3 Holzkohle, das entspricht einer jährlichen Waldrodung von 15 000 km^2, verhüttet werden.

Kritisch zu bewerten ist auch die geringe Zahl der neugeschaffenen Arbeitsplätze. Angesichts der riesigen Investitionen, alleine der brasilianische Staat leistete infrastrukturelle Vorleistungen in Höhe von über 10 Mrd. DM, stellen die 47 000 direkten und 33 000 indirekten Arbeitsplätze unter Berücksichtigung des großen Bevölkerungsdrucks eine geringe Entlastung des Arbeitsmarktes dar.

6 Indien auf dem Weg zur Software-Macht

Mit einem Bruttosozialprodukt von 300 US-$ zählt Indien zu den ärmsten Ländern der Welt. 40–50 % der Bevölkerung leben unter dem Existenzminimum. Trotz eines deutlichen Anstiegs des Wirtschaftskraft und beachtlicher Produktionssteigerungen in der Landwirtschaft konnte die Massenarmut vor allem im ländlichen Raum nicht beseitigt werden. Die geringe Kaufkraft im Binnenland bildet daher das größte Hindernis für eine weitere Expansion der indischen Wirtschaft.

Indien: Bevölkerungsanstieg und Wirtschaftsentwicklung

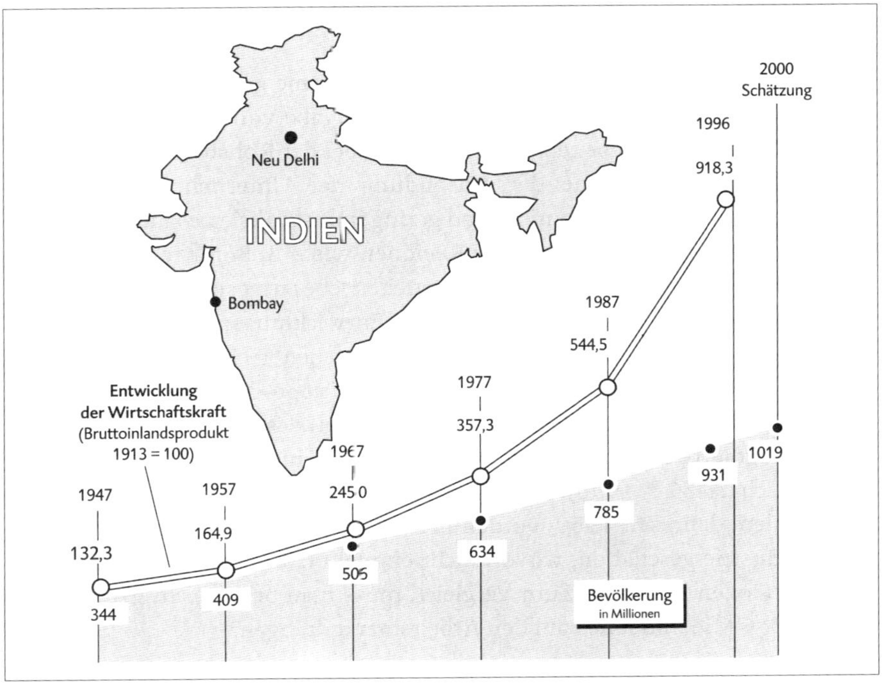

Indien zählt heute zu den zehn führenden Industrienationen weltweit und besitzt mit reichen Buntmetall-, Eisenerz-, Braunkohle- und Steinkohlevorkommen eine gute Rohstoffbasis. Die reichhaltigen Bauxitvorkommen bilden die Grundlage einer modernen leistungsstarken Aluminiumindustrie und die eigene Rohölförderung deckt den Eigenbedarf. In der indischen Wirtschaft bestehen noch heute die Privat- und die Staatswirtschaft (mixed economy) nebeneinander. Die **Entwicklungskonzeption der 50er-Jahre** unter der Regierung NEHRU sah vor, dass der Staat die Verantwortung für wirtschaftliche Planung und den Betrieb der lebenswichtigen Industrien trägt. NEHRU orientierte sich damals am Entwicklungsweg der Sowjetunion, weshalb auch der Ausbau der Schwer- und Grundstoffindustrie erste Priorität besaß.

Als Strategie zur Reduzierung der wirtschaftlichen und sozialen Ungleichheiten wurde von NEHRU die Gründung von **Wachstumspolen** an ausgewählten Standorten verfolgt. Diese neuen Wirtschaftszentren hatten folgende Zielsetzungen:

- Entwicklung der rückständigen Regionen durch disperse Industrieansiedlungen,
- Schaffung neuer Arbeitsplätze und somit Verbesserung der Einkommensmöglichkeiten in den ländlichen Regionen,
- Verringerung der Abwanderung in die Großstädte.

Zur Durchführung der Industrialisierungsprogramme gründete die Regierung Förderinstitutionen, deren Aufgaben in der Vergabe von Krediten, der Beratung der Industriebetriebe, der Unterstützung bei der Rohstoffversorgung und Produktvermarktung sowie der Ausbildung der Unternehmer bestanden. Höchste Förderung erhielten nicht und gering industrialisierte ländliche Regionen während für bereits entwickelte Regionen wie z. B. Bombay zeitweilig sogar ein Ansiedlungsstopp für neue Industriebetriebe ausgesprochen wurde.

Nach vierzig Jahren industrieorientierter Entwicklungspolitik ist die Bilanz der Produktionsseite durchaus erfolgreich. Zwischen 1950 und 1990 lag das durchschnittliche jährliche Wachstum der Industrieproduktion über 5 % (doppelt so hoch wie in der Landwirtschaft). Der Anteil des verarbeitenden Sektors am BIP stagnierte aber unter 20 % und lag deutlich niedriger als der Anteil der Landwirtschaft (32 % 1990). Besonders negativ ist aber die Bilanz der Beschäftigtenzahlen, denn seit 1950 wurden pro Jahr nur 150 000 neue Arbeitsplätze in der Industrie geschaffen, wovon nicht einmal 60 000 pro Jahr auf die ländlichen Regionen entfielen. Zum Vergleich muss man berücksichtigen, dass jedes Jahr 5–6 Mio. Inder neu auf den Arbeitsmarkt drängen.

Ende der 80er-Jahre verschlechterte sich die wirtschaftliche Lage Indiens drastisch. Steigende Importe und abnehmende Exporte durch den Wegfall des bis dahin zweitgrößten Handelspartner Sowjetunion ließen die Devisenreserven rasch sinken. Der Golfkrieg 1990/91 verringerte die Gastarbeiterüberweisungen aus den Golfstaaten, ausländische Direktinvestitionen und die Einnahmen aus dem Tourismus gingen deutlich zurück. Angesichts der drohenden Zahlungsunfähigkeit erließ die Regierung einschneidende **Wirtschaftsreformen**. Die binnenmarktorientierte und staatliche reglementierte Wirtschaftspolitik wurde in Richtung einer offenen, sich frei entfaltenden Marktwirtschaft verändert. Erste Erfolge zeigen sich bereits. Ausländisches Kapital fließt wieder verstärkt ins Land, die Exporte wachsen jährlich um mehr als 10 %.

Eine Schlüsselrolle bei der zukünftigen wirtschaftlichen Entwicklung besitzt nach indischen Vorstellungen die Computerindustrie. Zwischen 1985 und 1995 ist ihr Umsatz von 10 Mio. US-$ auf über 1 Mrd. US-$ gestiegen.

Entwicklung der indischen Softwareindustrie (Umsatz in Mio. US-$)[2]

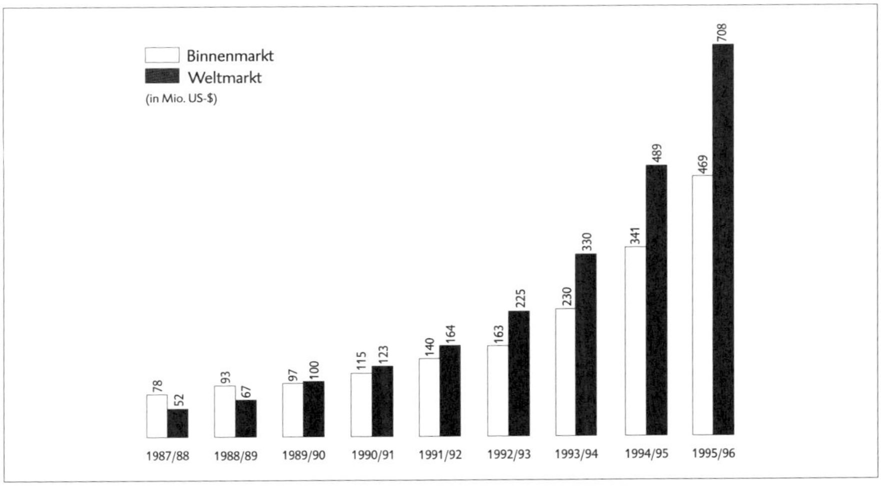

Besondere Bedeutung besitzt hier die Softwareindustrie, der gegenwärtig am stärksten wachsende Zweig der indischen Wirtschaft. Indische Arbeitskräfte führen vor allem Programmierarbeiten im Auftrag europäischer, japanischer und nordamerikanischer Unternehmen aus. Ungefähr vierhundert Firmen, viele davon **Joint-Venture-Unternehmen** mit ausländischen Anteilseignern, arbeiten in diesem Industriezweig.

2 Nach Buisiness Newsweek (Indien) vom 05.08.1996

Die Voraussetzungen für diese Entwicklung waren vielfältig. Indien verfügt nach den USA über das zweitgrößte Reservoir an naturwissenschaftlich ausgebildeten Fachkräften und besitzt eine Vielzahl von Forschungs- und Entwicklungsinstituten auf dem Gebiet der Elektrotechnik und Informatik. Die Produktionskosten sind um ein Drittel niedriger als in anderen asiatischen Ländern wie Indonesien, Malaysia oder der VR China. Dazu kommen noch ein stabiles demokratisches Staatswesen, das europäisch geprägte Rechtswesen und Englisch als Verkehrssprache.

Das Zentrum der Softwareindustrie ist die **Region Bangalore**, die von Fachleuten bereits als das indische „Silicon-Valley" in Hochland von Dekan bezeichnet wird. Bereits Anfang der 80er-Jahre kamen junge indische Unternehmer nach Bangalore, um in das Geschäft mit der Informationstechnologie einzusteigen. Bahnbrechend war die Ansiedlung des US-amerikanischen Konzerns Texas Instruments 1985, der per Satellit seinen indischen Standort mit der Hauptverwaltung in Dallas vernetzte. In der Folgezeit ließen sich weitere internationale Computerhersteller, Softwarefirmen und andere Dienstleistungsunternehmen wie z. B. Banken in Bangalore nieder.

Standorte der 200 größten Softwareunternehmen Indiens 1995

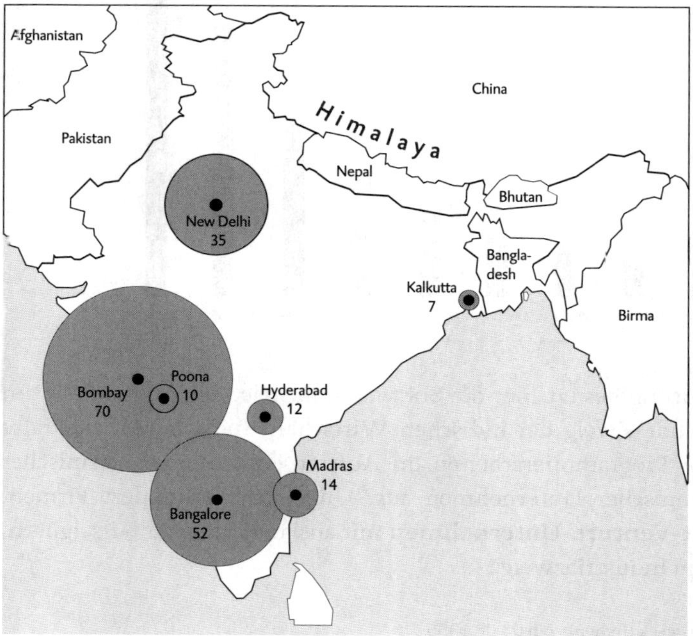

Die Standortvorteile Bangalores sind vielfältig:

- große Zahl von sehr gut ausgebildeten Fachkräften,
- Standort von über 1 600 Ausbildungseinrichtungen, darunter 3 Universitäten, 14 Ingenieurschulen, 47 naturwissenschaftliche ausgerichtete Fachschulen und 35 Forschungsinstitute,
- angenehme klimatische Bedingungen,
- auch für Europäer angenehme Lebensqualität in parkähnlichen Stadtteilen.

Exkurs: Siemens in Bangalore[3]

Die Firma Siemens, einer der „global player" auf dem Gebiet der Elektrotechnik und seit Jahrzehnten eines der größten Wirtschaftsunternehmen in Indien, hat die Entwicklungschancen genutzt. Da fast alle Großen der Softwareindustrie ihre Büros in Bangalore, dem „Silicon Valley" Indiens haben, beschloss das Unternehmen, zwei seiner wichtigen Softwareabteilungen nach dort zu verlegen. Die Stadt mit fast sechs Millionen Einwohnern, die auf einer grünen Hochfläche im Süden des Landes liegt, bietet wegen ihrer angenehmen klimatischen Verhältnisse günstige Arbeitsbedingungen. Sie ist Sitz des bekannten „Institute of Science" und ein Zentrum der indischen Luft- und Raumfahrt.

Da Siemens seinen Platzbedarf von 10 000 m^2 Bürofläche in der Innenstadt von Bangalore auf Dauer nicht sicherstellen konnte, beschloss man, sich an der Erschließung und Entwicklung von Keonics Electronic City 20 km südlich der Innenstadt zu beteiligen. Keonics Electronic City ist ein sogenannter Software-Technologie-Park. Das Gelände umfasst etwa 1,5 km^2 und ist in 110 Einheiten unterschiedlicher Größe aufgeteilt. Die Anlage von Siemens besteht aus zwei zehnstöckigen Bürogebäuden mit dazugehörigen Nebengebäuden. In der Endphase sollen hier einmal 1 500 Menschen arbeiten. Neben der Softwareentwicklung in Keonics Electronic City wird Siemens noch ein Marketing- und Kundeninformationszentrum aufbauen. Es entsteht 18 km östlich des Stadtzentrums von Bangalore in dem neuen International Technology Park, der von einem indisch-singapurianischen Unternehmen angelegt wird. Damit konzentriert Siemens seine Softwareaktivitäten an dem Standort, der für die Entwicklung dieses Wirtschaftszweiges in Indien am zukunftsträchtigsten erscheint.

Die **Kehrseiten dieser Entwicklung** sind aber auch in Bangalore nicht zu übersehen: die Grundstückspreise haben sich innerhalb weniger Jahre verfünffacht, Wohnungsknappheit und steigende Mieten drängen immer mehr Einwohner in die randstädtischen Slumviertel, das Verkehrsnetz ist total überlastet, die Luftverschmutzung erreicht Rekordwerte, die Wasser- und Stromver-

3 Nach geographie heute, H. 155, 1997

sorgung bricht häufig zusammen. „Man surft den ganzen Tag zwischen Boston und Hongkong, aber wenn man abends sein Büro verlässt, steigt man über Müllberge", klagt ein indischer Unternehmer. Einige Unternehmen haben sich bereits entschlossen, Firmenerweiterungen nach Puna oder Hyderabad zu verlagern, wo die Löhne niedriger und die Gefahr der Abwerbung von Fachkräften durch Konkurrenzunternehmen noch gering sind.

7 Südkoreas Aufstieg vom Entwicklungsland zum modernen Industrieland

Anfang der 60er-Jahre zählte Südkorea mit einem Bruttosozialprodukt von 80 US-$ pro Einwohner zu den ärmsten Ländern der Erde. Große Teile des Siedlungsbestandes, der nach der Teilung verbliebenen Leichtindustrie und der Infrastruktur waren im Koreakrieg 1950–1953 zerstört worden. Die potenzielle militärische Bedrohung aus dem Norden und der Zwang zum Aufbau einer modernen Armee engten die wirtschaftlichen Möglichkeiten zusätzlich ein. Das Land ist sehr gebirgig, sodass die nutzbare Fläche stark begrenzt ist. Bereits 1960 standen rechnerisch nur 0,08 ha landwirtschaftliche Fläche pro Einwohner zur Verfügung (zum Vergleich: Deutschland 0,2 ha) und dieses Verhältnis verschlechterte sich angesichts einer rasch ansteigenden Bevölkerung (1960: 25 Mio., 1995: 45 Mio. Einwohner) und der anhaltenden Umwandlung von landwirtschaftlicher Nutzfläche in Siedlungs-, Verkehrs- und Gewerbeflächen. Südkorea gilt als übervölkert und kann seine Bevölkerung schon lange nicht mehr selbst ernähren, es besitzt keine nennenswerten Rohstoffe und Energieressourcen. Trotzdem konnte sich das Land in knapp vier Jahrzehnten zu einem modernen Industrieland entwickeln, das den Ehrgeiz besitzt, im Jahr 2000 in die Reihe der zehn größten Industrienationen aufzurücken.

Der wesentliche positive Faktor für diesen Erfolg sind die Menschen. Das **konfuzianische Ideal** des gebildeten Menschen, der in harter Arbeit in Harmonie mit seiner Gesellschaft leben möchte, barg ein hohes Leistungspotenzial. Diese Leistungsbereitschaft der Koreaner nutzte eine Gruppe junger Offiziere, die 1960 unter dem späteren Diktator PARK CHUNH-HEE die Macht an sich riss. Mit dem Beschluss zu einem grundlegenden Wandel in der Wirtschaftspolitik und mit der neuen Entwicklungsstrategie **export/growth first** begann die Ära der **wachstums-** und **exportorientierten Industrialisierung**. Die export/growth first-Strategie zielte auf zweierlei: Zum einen auf Industrialisierung und weniger auf sozialen Ausgleich und zum anderen auf eine vorrangige Außenorientierung der Volkswirtschaft. Die Abhängigkeit von Rohstoff- und Nahrungsmittelimporten zwang Korea zur Erwirtschaftung von Devisen durch den Export von Industriegütern. **Wichtige Voraussetzungen für die Durchsetzung dieser Wirtschaftspolitik waren**:

- Konzentration aller politischen Anstrengungen auf die wirtschaftliche Entwicklung zu Lasten demokratischer Freiheiten,
- gezielte staatliche Förderung des Exports und der Exportindustrien,
- Zwang zu massiven Einkommensverzicht der Beschäftigten durch staatlich reglementierte Niedriglöhne,
- Inkaufnahme regionaler und sozialer Disparitäten,
- enge Kooperation von Staat und Großunternehmen,
- Anstieg der Auslandsverschuldung, da nicht genügend Eigenkapital zur Finanzierung der Industrialisierung verfügbar war.

Südkorea: Außenhandel und Auslandverschuldung[4]

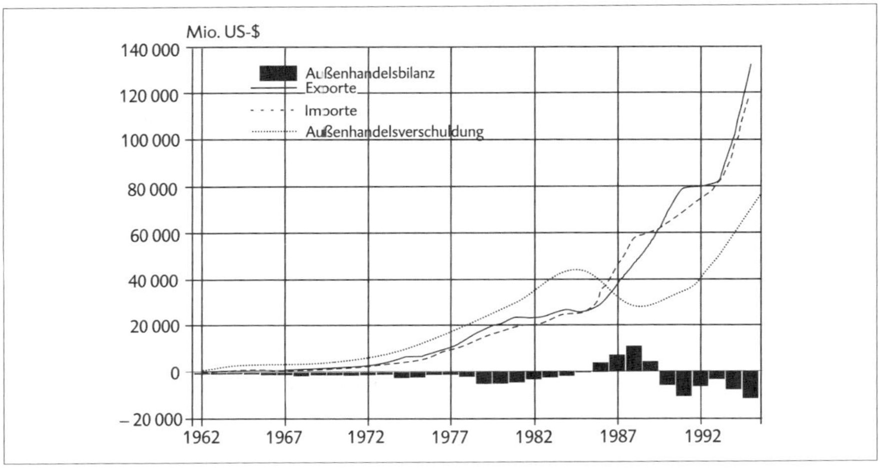

Die Industrialisierung erfolgte in 6 Phasen:

1. Phase: Importsubstitution in der Konsumgüterindustrie

Die Textil- und Nahrungsmittelindustrie konnte anfangs am besten ausgebaut werden, da handwerkliche Kenntnisse vorhanden waren und wenig Kapital und Technologietransfer zur Erhöhung der Produktion notwendig waren. Das Wachstum dieser Industrien war aber wegen des kleinen Binnenmarktes und der geringen Kaufkraft der Bevölkerung begrenzt.

4 Nach ROK, National Bureau of Statistics, 1995

2. Phase: Exportindustrialisierung im Bereich der Konsumgüter

Seit 1960 bot die koreanische Leichtindustrie ihre Produkte (z. B. Textilien, Bekleidung, Holzprodukte) preiswert auf dem Weltmarkt an. Vor allem die Textilindustrie wurde die wichtigste Exportindustrie. Zwischen 1960 und 1980 verzeichnete der Gesamtexport durchschnittliche jährliche Wachstumsraten von fast 40 %.

3. Phase: Importsubstitution schwerindustrieller Zwischenprodukte

Der industrielle Aufschwung machte den Bau vieler neuer Produktionsstätten, Verkehrswege und Siedlungen notwendig. Hierfür mussten immer mehr Stahl, andere Grundstoffe und Halbfertigprodukte importiert werden. Damit ergab sich die Möglichkeit, diese Waren für den Binnenmarkt selbst herzustellen.

4. Phase: Exportindustrialisierung im Bereich schwerindustrieller Zwischenprodukte

Die südkoreanische Industrie versuchte, ihre Erzeugnisse der Eisen- und Stahlindustrie, der neuen chemischen Betriebe, des Maschinen- und Schiffbaus zu Niedrigpreisen auf dem Weltmarkt zu verkaufen. Die weltweite Rezession Ende der 70er-Jahre führte auch in Südkorea zu großen wirtschaftlichen Problemen und politischen Unruhen, die im Ende der Militärdiktatur PARKS gipfelten.

5. Phase: Importsubstitution hochwertiger Investitionsgüter

In den 80er-Jahren förderte die südkoreanische Regierung gezielt den Aufbau einer modernen leistungsfähigen Investitionsgüterindustrie, die Elektrogeräte, Autos und Computer fertigt. Anfangs wurde nur für den heimischen Markt produziert um die Devisenausgaben zu senken.

6. Phase: Exportorientierung der Investitionsgüter- und hochwertigen Konsumgüterindustrie

Seit der Mitte der 80er-Jahre drängt Südkorea mit den Produkten seiner Investitionsgüter und Konsumgüterindustrie immer stärker auf den Weltmarkt. Vor allem Nordamerika ist für Korea ein riesiger Absatzmarkt, aber auch der europäische Markt rückt zunehmend in das Zentrum der Exportanstrengungen. Koreanische Autos, Unterhaltungselektronik und Computer sind heute in USA und in Westeuropa allgegenwärtig.

Die Finanz- und Währungskrisen 1997 und 1998 haben den wirtschaftlichen Aufschwung in Südkorea jäh gestoppt. Die riesige Auslandsverschuldung und die Rückgang des Exports in die ASEAN-Staaten, nach Japan, in die USA und Westeuropa stellen eine ernsthafte Gefahr für die Wirtschaft des Landes dar. Vor allem viele Großkonzerne sind in finanzielle Schwierigkeiten geraten, mussten Produktionsstätten stilllegen oder an ausländische Konkurrenten verkaufen. Soziale Unruhen angesichts einer steigenden Arbeitslosigkeit und des häufig geforderten Lohnverzichts drohen den erzielten wirtschaftlichen Erfolg zu gefährden.

Krisenherde der Weltwirtschaft Ende der 90er-Jahre[5]

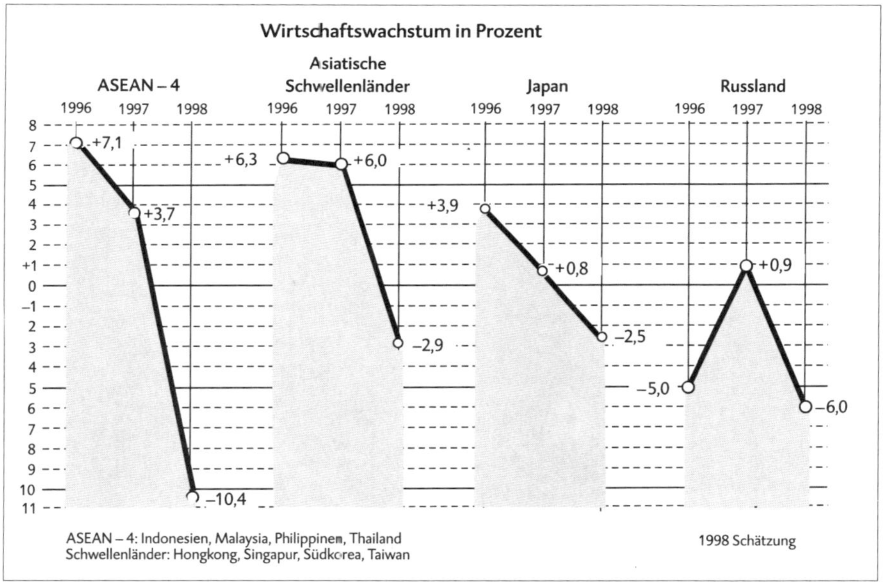

5 Daten nach Globus, IWF

Der Tourismus als Beispiel für Entwicklung im tertiären Sektor

Der Tourismus entwickelte sich in den letzten Jahrzehnten weltweit zu einem sehr wichtigen Wirtschaftszweig, wobei der Ferntourismus, und damit auch Reisen in die Dritte Welt, besonders stark expandierte. So stieg die Anzahl aller Auslandsreisenden von ca. 113 Mio. (1965) über 341 Mio. (1986) auf 593 Mio. (1996). Bei den touristischen Deviseneinnahmen gestaltet sich das Wachstum noch dramatischer: bezogen auf das Jahr 1965 wuchsen sie weltweit bis 1996 auf über das 30-fache an und erreichten 1996 absolut 423 Mrd. US-$.

Weltweiter Tourismus: Wachstum ohne Ende[1]

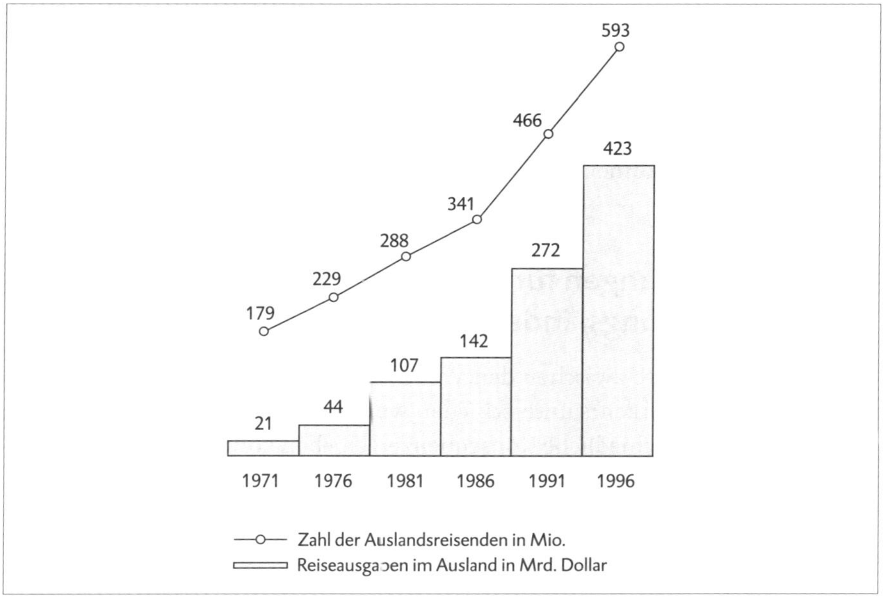

1 Nach WTO

Die Verteilung der Brutto-Devisen-Einnahmen aus dem Tourismus und der touristischen Ankünfte des Welttourismus auf Ländergruppen und Kontinente (1981, 1986, 1994)

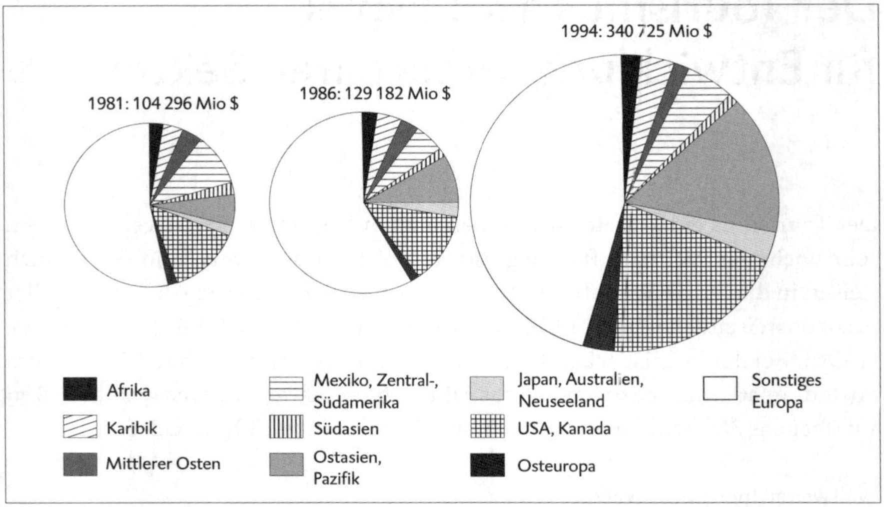

Es ist deshalb nicht verwunderlich, dass die Entwicklungsländer versuchten auf diesen „Zug“ aufzuspringen, zumal sie die Hauptprobleme wie Massenarbeitslosigkeit, Bevölkerungsexplosion, Verelendung großer Bevölkerungsteile, Verschärfung sozio-ökonomischer und räumlicher Disparitäten bei steigender Staatsverschuldung zumeist nicht lösen konnten.

1 Voraussetzungen für Tourismus in Entwicklungsländern

Sinnvollerweise sollte zwischen den Voraussetzungen in den Quell- und Zielgebieten des Reiseverkehrs unterschieden werden, da sich je nach den dortigen Bedingungen unterschiedliche Konsequenzen ergeben können.

Quellgebiete sind in erster Linie die Industriestaaten Nordamerikas, Europas, Ostasiens sowie Australien und Neuseeland. In ihnen wuchs die Nachfrage nach Fernreisen in die Dritte Welt in den letzten drei bis vier Jahrzehnten.

Die Hauptgründe sind **sozioökonomische Faktoren** wie wachsendes Realeinkommen und gestiegener Wohlstand bei gleichzeitig sinkender Arbeitszeit und zunehmender Freizeit. **Gesellschaftliche Faktoren** wie zunehmende Information durch Medien und gewachsener Bildungsstand (insbesondere Sprachkenntnisse), Prestigewert von Fernreisen verbunden mit gestiegenem

Interesse am „Reiz des Exotischen", Abenteuerlust, fremden Kulturen, unberührten Naturlandschaften, aber auch häufig subjektiv und objektiv vorhandener Stress in der Industriegesellschaft.

Dazu kommen **infrastrukturelle Faktoren** wie die Überlastung bzw. ein gesunkener Prestigewert näher gelegener, traditioneller Reiseziele des In- und Auslandes (für Europa zum Beispiel das Mittelmeer). Gleichzeitig hat sich das Angebot an Flugreisen stark verbessert (sinkende Reisezeiten!) und weltweit wächst das Beherbergungsgewerbe mit internationalen Standards.

Der aufgeführten Auflistung wichtiger Faktoren bzw. Motive für den Ferntourismus können die Entwicklungsländer eine Reihe von Pull-Faktoren gegenüberstellen, die teilweise den Vorteil haben, nicht transportier- und substituierbar zu sein.

Für die **Zielgebiete** lassen sich im wesentlichen drei Hauptaspekte und daraus abgeleitete touristische Aktivitäten zusammenstellen. Im Vordergrund stehen **natürliche Faktoren** wie ein hoher Küstenanteil, angenehme Temperaturen und Trockenzeiten, die häufig mit den Wintern der Nordhalbkugel zusammenfallen. Hinzu kommen landschaftliche und ökologische Besonderheiten wie tropische Vegetation, Tierwelt, Flüsse, Wüstenzonen und Hochgebirge. Allen gemeinsam haftet das Image des (noch) Unberührten an. Entsprechend vielfältig ist die Nutzung durch Touristen. Die Palette reicht vom einfachen Badeurlaub über Safaris, Abenteuerurlaube, sportorientierte Reisen bis hin zu luxuriösen Kreuzfahrten. Daneben spielen auch **soziokulturelle Faktoren** wie die baulichen Zeugen ehemaliger Hochkulturen, Kultstätten fremder Religionen (sowie Zeremonien), Kunstgewerbe und traditionelle Lebensformen eine Rolle. Und schließlich runden **wirtschaftliche Faktoren** wie das niedrige Preisniveau bei einer zunehmenden Auswahl von Beherbergungsmöglichkeiten (von sehr einfach bis luxuriös) die Attraktivität ab.

2 Bedeutung des Fremdenverkehrs in den Entwicklungsländern und seine Bewertung

In den Ländern der Dritten Welt wird der Aus- bzw. Aufbau des Tourismus als ein Instrument der **„nachholenden Entwicklung"** angesehen, das in der Lage ist, eine Reihe ökonomischer Ziele zu erreichen und gesamtwirtschaftliches Wachstum zu ermöglichen. Diese optimistische Einschätzung wurde in jüngerer Zeit teilweise zurückgenommen und das Augenmerk zunehmend auch auf die negativen Aspekte des Fremdenverkehrs gelegt. Dessen ungeachtet stellt der Tourismus einen wichtigen Beitrag zum Wirtschaftsleben dar und muss je nach spezifischen Ausgangssituation pro Land pragmatisch gewürdigt werden.

Die **Deviseneinnahmen** durch den Tourismus sind in manchen Ländern zu einer wichtigen Säule der Volkswirtschaft geworden, die die Einkünfte aus dem Warenexport übertreffen können. Besonders ressourcenarme Staaten profitieren davon und erreichen hohe Pro-Kopf-Werte zumal für viele klassische mineralische und agrarische Ausfuhrgüter auf dem Weltmarkt nur stagnierende oder rückläufige Preise zu erlösen sind, wohingegen die Ausgaben im Reiseverkehr weltweit wuchsen. Somit können in vielen Ländern die hohen Handelsdefizite in der Außenhandelsbilanz teilweise kompensiert und eine Steigerung des Bruttoinlandsprodukt erreicht werden.

Die 15 Entwicklungsländer mit den höchsten Bruttodeviseneinnahmen aus dem Tourismus[1] 1993 im Vergleich mit 1980

		Einnahmen in Mio. US-$		Rang[2]		Salden in Mio. US-$		Nettoeinkommen pro Kopf[5] (US-$)		BSP pro Kopf[6] (US-$)
		1993	1980	'93	'80	1993	1980	1993	1980	1993
1.	Hongkong	7562	1317	8	18	–[4]	–[4]	–[4]	–[4]	18060
2.	Singapur	6289	1433	10	15	+3267	+1111	+1167	+463	19850
3.	Mexiko	6167	5393	11	8	+605	+1219	+7	+18	3610
4.	Thailand	5014	867	13	26	+2922	+623	+50	+13	2110
5.	China	4683	555	15	35	+4128	–[4]	+4	–[4]	490
6.	Indonesien	3988	246	20	54	+2449	–129	+13	–1	740
7.	Türkei	3959	327	21	45	+3025	+212	+51	+5	2970
8.	Argentinien	3614	345	22	42	+1446	–1446	+35	–52	7220
9.	Korea (Süd)	3475	369	24	40	+216	+19	+5	+1	7660
11.	Macau	2460	–[3]	29	–[3]	–[4]	–[4]	–[4]	–[4]	–[7]
10.	Taiwan	2943	988	27	22	–4642	+170	–223	+9	–[7]

		Einnahmen in Mio. US-$		Rang[2]		Salden in Mio. US-$		Nettoeinkommen pro Kopf[5] (US-$)		BSP pro Kopf[6] (US-$)
		1993	1980	'93	'80	1993	1980	1993	1980	1993
12	Philippinen	2122	320	30	47	+1992	+215	+31	+7	850
13.	Malaysia	1876	265	32	51	–84	–205	–4	–15	3140
14.	Puerto Rico	1628	595	34	34	+852	+195	+237	+58	7000
15.	Indien	1487	1150	37	19	+1087	+1037	+1	+2	300
zum Vergleich:										
	USA	57875	10058	1	1	+17163	–327	+67	–1	24740
	Deutschland	10509	6566	7	6	–27005	–14033	–335	–230	23560
	Österreich	13566	6442	5	7	+5386	+3595	+682	+479	23510

[1] ohne Einnahmen aus internationalen Verkehrsleistungen; [2] in der Abfolge aller Länder nach der Höhe der Einnahmen; [3] nicht erfasst; [4] Ausgaben nicht erfasst; [5] berechnet auf der Grundlage der Bevölkerungsdaten des Weltentwicklungsberichts der Weltbank 1995, Washington – Daten auf- bzw. abgerundet; [6] Weltbank, Weltentwicklungsbericht 1995, Washington; [7] keine Daten vorliegend

2.1 Deviseneffekte

Allerdings müssen von den **Bruttodeviseneinnahmen** all diejenigen Ausgaben abgezogen werden die zur Erzeugung des Fremdenverkehrsangebotes notwendig waren: Zinsleistungen für ausländische Kapitalleistungen, Importe von Gütern und Dienstleistungen zur Erstellung und Wartung von touristischer Infrastruktur (Beherbergung, Straßen, Flugplätze usw.), Importe von Nahrungsmitteln für die Touristen, Ausgaben für Werbung und Marketing im Ausland sowie Folgekosten für Umweltschäden und dergleichen. Je nachdem wie hoch bereits der industrielle und landwirtschaftliche Entwicklungsstand eines Landes ist, muss ein unterschiedlich hoher Betrag der Devisen dafür verwendet werden. Die Nettodeviseneinnahmen können also stark variieren und werden auf 60–80 % geschätzt.

Je nach Art des vorherrschenden Reiseverkehrs und nach Verhalten und Einkommen der Touristen wird dieser Effekt unterschiedlich ausgeprägt: ein einfacher Rucksack- bzw. Badetourismus wird eine geringere Sickerrate hervorrufen als ein aufwändiger Rundreise- bzw. Luxustourismus.

Da viele Entwicklungsländer nicht in der Lage sind, die beschriebenen Vorleistungen aus eigener Kraft aufzubringen, sind sie gezwungen ausländische Investoren anzulocken. Subventionen und oft ungehinderter Gewinntransfer bewirken somit weiteren Devisenabfluss.

2.2 Arbeitsplatz- und Einkommenseffekte

Da der Tourismus ein arbeitskräfteintensiver Sektor ist, wird er als Instrument zur Minderung der Massenarbeitslosigkeit und zur Hebung des Einkommens angesehen. Auch hier muss allerdings differenziert werden. In einer frühen Ausbauphase werden Arbeitsplätze vor allem in der Baubranche (Hotel, Straßen, ...), zu späteren Zeitpunkten besonders im Versorgungsbereich (Hotelservice, Reisebüro, Verkehr, Handel, ...) benötigt werden. Wegen oft mangelnder Ausbildung der einheimischen Bevölkerung müssen qualifizierte Tätigkeiten zumindest in der Aufbauphase von Ausländern besetzt werden, die zudem oft höhere Löhne beziehen als Einheimische (bei gleicher Tätigkeit). Qualifizierung für diese Berufe bedeutet für den Staat oft erhebliche Kosten und schmälert zumindest am Anfang die erhofften Deviseneffekte.

Ein weiterer problematischer Aspekt ist häufig die **Saisonalität der Beschäftigung**. In Abhängigkeit von Trocken- und Regenzeiten sind die touristischen Einrichtungen außerhalb der Hauptsaison meist nicht stark frequentiert, sodass Entlassungen und schlechtere Bezahlung üblich sind. Aus diesem Grund investieren viele Entwicklungsländer in die Erschließung zusätzlicher wetterunabhängiger Nutzungsformen (Kongress- und Kulturtourismus, allwettertaugliche Infrastruktur) für die Nebensaison. Hinsichtlich der Qualität der im Tourismus entstandenen Arbeitsplätze bestehen große Unterschiede.

Dieses Phänomen ist auch gekoppelt an die Aufspaltung des Fremdenverkehrs in einen **formellen** und **informellen** Bereich. Merkmale des informellen Sektors im Tourismus:

- umfangreiches Güter- und Dienstleistungsangebot an „Brennpunkten“ des Tourismus durch **fliegende Händler** (Überlandrouten, Strände, Trekkingrouten, Hotelnähe ...),
- viele Personen in gelegentlichen, **zeitlich begrenzten Tätigkeiten** (PKW- und Zimmervermietung von privat, Verkauf landwirtschaftlicher und kunstgewerblicher Produkte ...),
- häufig keine angemeldeten Aktivitäten,
- umfasst ca. 50% aller im Tourismus Tätigen in den Entwicklungsländern (Schätzung!).

Fliegende Händler in Myanmar (Burma)

Trotz der relativ großen Bedeutung für Beschäftigung und Einkommen ist dieser Sektor gefährdet, da für diese Tätigkeiten, bei geringer Kapitalausstattung, meist keine Lizenzen und Befähigungsnachweise vorliegen und manche von ihnen auch fließend in halblegale und illegale Bereiche übergehen (Prostitution, Drogen). Deshalb sind der Konkurrenzdruck des formellen Sektors und Beschränkungen durch den Gesetzgebers je nach Entwicklungsstand eines touristischen Gebietes unterschiedlich groß.

In der Entfaltungsphase eines Ferienortes dominiert der informelle Sektor, da die Anzahl der Reisenden und deren Nachfrage nach Gütern und Leistungen bei niedrigem Anspruchsniveau noch gering ist, sodass sie nur im Nebenerwerb geliefert bzw. erbracht werden. Mit steigenden Besucherzahlen erfolgt ein Übergang in den formellen Sektor bei den Ansäßigen, und auswärtige bzw. ausländische Investoren werden angelockt. Aufgrund größerer Kapitalausstattung und Leistungsfähigkeit, besserer Kontaktmöglichkeiten zu Behörden und politischen Eliten werden die informellen „Betriebe" aus den lukrativen Standorten verdrängt. Am Ende dieser Entwicklung kann der informelle Sektor aus diesen nun etablierten Zonen sogar mit rechtlichen Auflagen verdrängt werden (Hygiene, Belästigung, ...).

Die Fremdenverkehrsentwicklung wirkt sich auch unterschiedlich auf die Entstehung und Vernichtung von Arbeitsplätzen in den anderen Wirtschaftssektoren aus. Zwar kann man feststellen, dass punktuell Wirtschaftsbereiche wie z. B. die Küstenfischerei zum Erliegen kommen können, da die Fischer z. B. im Transport der Touristen mehr Einkommen erzielen als vorher. Aber es zeigt sich doch, dass die Chancen für die heimische Landwirtschaft eher zunehmen, weil ein wesentlicher Teil der Ausgaben der Reisenden für Ernährung anfällt. Somit kann einerseits der oft vorhandene Überbesatz an Arbeitskräften in der Landwirtschaft gemindert, andererseits eine Intensivierung und Diversifizierung des Anbaus zumindest lokal erreicht werden. Dies gilt um so mehr je weniger hoch der Anspruch der Touristen ist.

Als überwiegend positiv muss die Wiederbelebung des **traditionellen Kunsthandwerks** für den Souvenirhandel eingeschätzt werden, denn es ermöglicht vielfältige Einkommensmöglichkeiten da es auf traditionellen und arbeitsintensiven Techniken beruht, die ohne großen Kapitalaufwand durchgeführt werden können. Abgelegene Gebiete können an das Wirtschaftsleben herangeführt und damit Landfluchttendenzen eingedämmt werden. Insbesondere Frauen erhalten damit Arbeitsmöglichkeiten. Negative Aspekte zeigen sich jedoch in Form von Kinderarbeit und dem Abschöpfen großer Gewinnanteile durch den Zwischenhandel sowie in industriellen Fertigungsweisen in den Zentren.

2.3 Die Bedeutung des Tourismus für die Regionalentwicklung

Viele Entwicklungsländer weisen als typisches Charakteristikum ausgeprägte wirtschaftsräumliche Ungleichgewichte (Disparitäten) auf. Dieses Nebeneinander von kleinen, relativ hoch entwickelten Räumen (Zentren), in denen auch die Metropolstädte anzutreffen sind, und größeren, im Entwicklungsstand marginalisierten Gebieten (Peripherie) ist auch in Reiseländern zu finden. Es bietet sich nun die Chance durch den Fremdenverkehr diese Strukturen abzuschwächen, denn viele Standortansprüche des Tourismus bevorzugen eher periphere Lagen. Unterstützt wird dieser „Trend" des Tourismus noch dadurch, dass günstige Standortbedingungen mit schlechten agrarischen Verhältnissen zusammentreffen (sandige Küstenbereiche, hohe Aridität, Verbreitung der Tsetse-Fliege in Nationalparks, ...) und Baumaterial und Nahrungsmittel bei weniger anspruchsvollen Reisearten aus dem unmittelbaren Nahbereich bezogen werden können. Allerdings muss man aber auch feststellen, dass ein bedeutender Teil des Fremdenverkehrsgewerbes die Standortvorteile insbesondere der Primatstädte nutzt. Dies trifft vor allem für Transportwesen, Handel und Reiseveranstalter zu.

Der Umfang der Verbindungen zu anderen Wirtschaftszweigen **(„backward linkages")** und deren Entstehung wird in der Initial-, Wachstums- und Konsolidierungsphase des touristischen Gebietes jeweils unterschiedlich ausgeprägt sein und wird in nachfolgender Abbildung modellhaft dargestellt.

Modell der raumzeitlichen Entfaltung der „backward linkages“ des Beherbergungsgewerbes eines ressourcenarmen Inselstaates am Beispiel der Verflechtungen mit der Bau- und Agrarwirtschaft sowie der Getränke-, Nahrungs- und Genussmittelindustrie

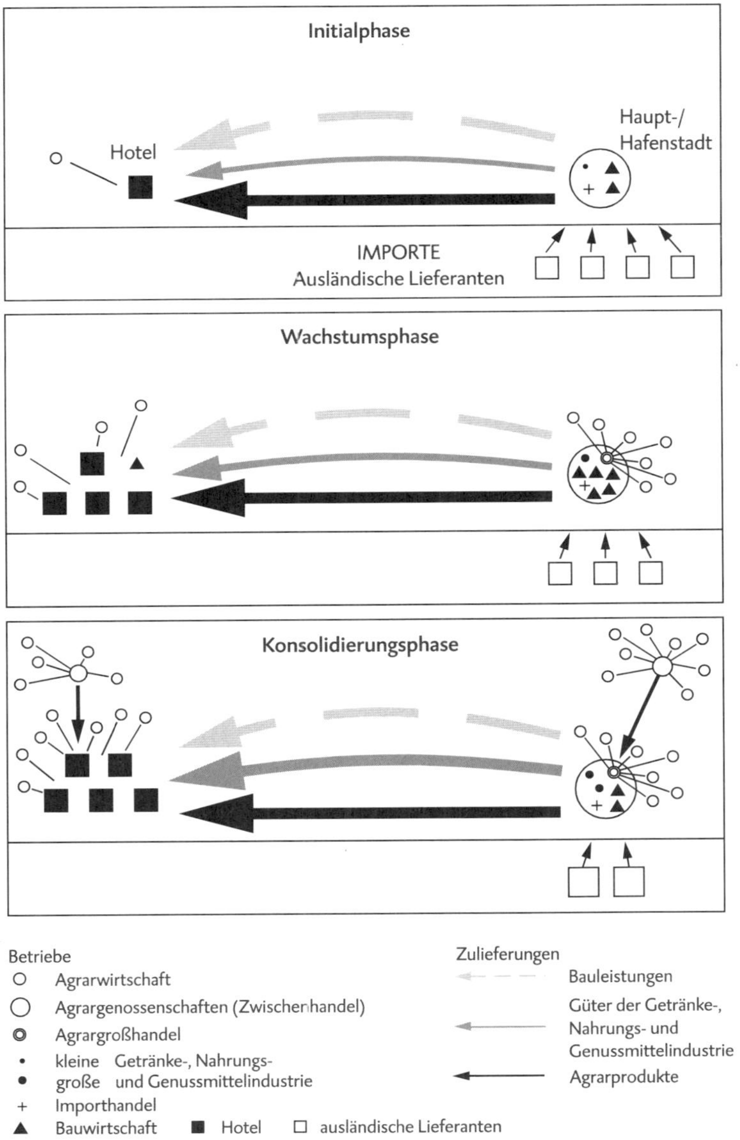

2.4 Mexiko – Regionalentwicklung durch staatlich geplante Touristenzentren

Mexiko ist mit Abstand das meist besuchte Reiseziel der Dritten Welt. Spätestens seit den Olympischen Spielen 1968 und der Fussballweltmeisterschaft 1970 rückte das Land in den Blickpunkt der Weltöffentlichkeit.

In geradezu klassischer Form kann es eine reiche Palette an touristischen Attraktionen anbieten: durchgehend warmes Klima mit einer etwa halbjährigen Trockenzeit in den meisten Landesteilen, viele Landschafts- und Vegetationszonen von der nördlichen Kakteenwüste bis zum tropischen Regenwald in Yukatan im Süden, Gebirgsregionen mit vulkanischer Tätigkeit und einer etwa 9 000 km langen Küstenlinie mit ausgeprägten Sandstränden die Bade-, Tauch- und Wassersportmöglichkeiten an Pazifik und Karibik ermöglichen.

Zu diesen Naturfaktoren kommen die Sehenswürdigkeiten der indianischen (Mayas, Atzteken u. a.) und kolonialspanischen Kulturtradition, die sich in entsprechenden Baustilen bzw. archäologischen Baudenkmälern aber auch folkloristischen Ereignissen (Fiestas, religiöse Feste etc.) darstellen.

Das Zeremonialzentrum von Mont Albán/Mexico (ca. 500 v. Chr.)

Die Frühphase des Tourismus setzte bereits in den 30er-Jahren aufgrund US-amerikanischer Nachfrage und privatwirtschaftlicher Initiative ein, war allerdings stark vom Straßenbau abhängig. Die Straßenverbindung nach Mexiko-City im Jahre 1927 war der Startpunkt für das weltbekannte Seebad Acapulco am Pazifik. Bis in die 80er-Jahre war es nach Mexiko-City der wichtigste Zielpunkt ausländischer Reisender. Folglich stellte der Tourismus stets einen bedeutenden Devisenbringer dar (in den 60er- und 70er-Jahren betrug sein Anteil an den Gesamtexporteinnahmen im Schnitt um 40 %).

Einen entscheidenden Impuls zur Weiterentwicklung erhielt der Tourismus in den frühen 70er-Jahren, als die neugeschaffene staatlich kontrollierte Behörde FONATUR (Nationalfond zur Förderung des Tourismus) die Planung und den Aufbau neuer Touristenzentren übernahm. Es waren dies fünf Seebäder in bis dato kaum besiedelten Regionen. FONATUR erstellte hierfür die gesamte Infrastruktur (Flughafen, Straßen, Freizeiteinrichtungen, Entsorgungseinrichtungen etc.) für die Hotellerie und schuf auch die notwendigen Einrichtungen für das Wohngebiet einer Stadt in der die im Tourismus Beschäftigten leben sollten. Anfangs unterhielt der Staat einige Hotels und warb vor allem in Nordamerika, um weltbekannte Investoren für den Bau von Hotelkomplexen zu gewinnen. Das Niveau der Hotellerie war von Anfang an hoch, in jüngerer Zeit werden vereinzelt auch Mittelklasseunterkünfte erstellt.

Als erfolgreichstes Teilprojekt wird das Seebad **Cancun** an der yucatekischen Karibikküste eingeschätzt. Hier fällt eine sehr gute Flugverkehrsanbindung zu den USA mit idealen Bade- und Tauchmöglichkeiten zusammen, die noch durch die Möglichkeit von Tagesausflügen zu bekannten Mayabaudenkmälern ergänzt werden. Cancun entwickelte sich in relativ kurzer Zeit zu einem „Touristenmagnet" und überholte 1986 das weltbekannte Acapulco, wobei neben dem Bade- auch der Kongresstourismus floriert. Cancun wuchs von einem 400 Einwohner zählenden Dorf auf eine etwa 250 000 Menschen zählende Stadt an. Allerdings entstanden wegen der starken Zuwanderung an den Rändern bereits Elendssiedlungen. Trotz dieser problematischen Entwicklung wird die sozioökonomische Situation im Vergleich zu Gesamtmexiko deutlich besser eingestuft, was sich vor allem in den höheren und gerechter verteilten Einkommen, der besseren Schulbildung und der deutlich geringeren Arbeitslosigkeit niederschlägt. Aufgrund der jungen Stadtbildung und des Arbeitsplatzangebotes ist der Anteil an alten Menschen verhältnismäßig gering.

3 Problematische Aspekte des Tourismus

3.1 Soziokulturelle Einflüsse

Bei der Diskussion über Art und Intensität der Beeinflussung der „bereisten" Kulturen bzw. Länder durch überwiegend westliche Touristen muss man sich vor einseitig gefärbten Urteilen hüten, da die Entwicklungsländer ja generell, d. h. auf vielen Ebenen des gesellschaftlichen Lebens, einen sozialen Wandel durchmachen. Verstädterungsprozess, Industrialisierung, zunehmende Kommunikations- und Informationsmöglichkeiten (Einfluss des Satellitenfernsehens und des Internets) stehen mindestens gleichrangig neben dem Tourismus. Mit diesen – und anderen – Prozessen muss sich die einheimische Gesellschaft auseinandersetzen: Ihre sozialen Standards, traditionellen Werte und akzeptierten Verhaltensweisen werden verglichen mit denen der Touristen. Sie befinden sich sozusagen in einer Konkurrenzsituation. In den 70er-Jahren wurden die diesbezüglichen Einflüsse überwiegend negativ bewertet und man sprach von einem „Ausverkauf" der Kultur durch den Tourismus.

Mittlerweile werden die Sachverhalte differenziert bewertet. Ohne Zweifel findet aufgrund der gestiegenen Interaktion der kulturellen und sozialen Vorstellungen und Verhältnisse in den Entwicklungsländen ein **Akkulturationsprozess** statt, d. h. eine Angleichung der einheimischen kulturellen Verhaltensweisen an die der Touristen, verbunden mit einem allmählichen Verschwinden dieser einheimischen Normen z. B. Kleidervorschriften, Umgang zwischen den Geschlechtern und Generationen, Alkoholverbot etc. Wie stark die einheimische kulturelle Identität gefährdet wird hängt von verschiedenen Faktoren ab. Prinzipiell kann gesagt werden, dass Staaten mit eigenständigem Hochkulturerbe und stabiler Gesellschaftsform weniger gefährdet sind als archaische Stammesgemeinschaften, die sich noch auf einer „primitiveren" Kulturstufe befinden. Die Intensität der Beeinflussung hängt auch sehr stark von der Relation Besucherzahl – Einheimischenzahl ab. Ebenso entscheidend ist die Lenkungsrolle des Staates: werden die Touristenströme durch entsprechende Infrastruktureinrichtungen von den Einheimischen ferngehalten (z. B. existiert auf den Malediven eine regelrechte Trennung in touristen- und einheimischengenutzte Teilinseln, der Austausch zwischen ihnen ist in der Regel stark reglementiert) dann gestaltet sich das Aufeinanderprallen der unterschiedlichen Wertesysteme weniger dramatisch.

Im Folgenden werden einige **positive und negative Konsequenzen** des Tourismus aufgezählt:

- Durch den Tourismus kann der Erhalt historischer Stätten erst gesichert und die kulturelle Identität gestärkt werden.
- Das traditionelle Kunsthandwerk kann wiederbelebt werden, allerdings existiert z. T. bereits industrielle Serienfertigung und Abhängigkeiten von Großhändlern sind nicht selten.
- Gerade durch touristisches Interesse werden alte Volksfeste und -bräuche vor dem Vergessen bewahrt, Identitätsbewusstsein verstärkt, besondere Daseinsformen wie z. B. das nomadische Leben der Massai in Kenia geradezu erhalten; allerdings kann dies auch zur puren Verkehrung in kommerzialisierte Folkloreveranstaltungen führen.
- Kinder und Jugendliche sind durch den Kontakt besonders gefährdet, indem sie sich asoziale Formen wie Betteln aneignen oder versuchen das Verhalten der Touristen unkritisch nachzuahmen.
- Der Tourismus ermöglicht das Überwechseln in moderne Wirtschaftsbereiche und damit einen sozialen Aufstieg. Dies kann insbesondere den Frauen in der Dritten Welt eine modernere Rolle in der Gesellschaft eröffnen.
- Eine weitere negative Folge sind die oft sehr ungleichen Verteilungen der Einkünfte aus dem Fremdenverkehrsgeschäft bei einheimischen Selbstständigen und abhängig arbeitenden Personen.

3.2 Ökologische Gefährdungen und Maßnahmen zur nachhaltigen Entwicklung durch Fremdenverkehr

Einerseits sind intakte ökologische Verhältnisse wegen der großen Naturbezogenheit des Fremdenverkehrs entscheidend, andererseits werden bei zunehmendem Tourismus tropische und subtropische Ökosysteme wegen ihrer höheren Empfindlichkeit stärker gefährdet. Insbesondere das Phänomen des **Massentourismus** verschärft das Gefährdungspotenzial, das im wesentlichen zwei Hauptbereiche umfasst: Errichtung und Nutzung touristischer Infrastruktur zum einen und Reiseform und Verhalten der Touristen zum anderen.

Die **Infrastruktur** beginnt mit der Anlage von Verkehrseinrichtungen (Flugplätze, Straßen, …) und Beherbergungsanlagen (Hotels und Versorgungsgebäude, Lodges in Naturparks …). Dabei erfolgen oft massive Eingriffe in Landschaften und Ökosysteme. Die Nutzung dieser Einrichtungen führt wegen Lärm- und Abgasemissionen oft zu weiteren Störungen für Fauna und Flora. Durch den hohen Wasserverbrauch insbesondere in Trockenzonen kann es durch den eigentlichen Beherbergungsbetrieb dann zu schwer wiegenden Folgen wie Absenkung des Grundwasserspiegels mit Vegetationsvernichtung (eventuell auch Beeinträchtigung von landwirtschaftlich genutzten Arealen) kommen. Weitere problematische Konsequenzen zeigen sich bei der Müllentsorgung, die häufig ungeregelt geschieht. Ungeklärte Abwässer verschmutzen Grundwasser und Küsten bis hin zur Zerstörung von sensiblen Korallenriffen.

Prinzipiell kann festgestellt werden, dass sich die Intensität der Beeinträchtigungen vom einfachen Naturtourismus (Wandern, Tierbeobachtung, Camping, Boot fahren …) über den Abenteuertourismus (Trekking, Bergsteigen, Tauchen, Rafting …) bis hin zum konsumptiven (= verbrauchenden) Naturtourismus (Jagen und Sportfischen) steigert. Der Fremdenverkehr trägt durch Nachfrage (z. B. Korallen oder Jagdtrophäen) ebenfalls zur Biotop- und Artendezimierung bei (z. B. Wilderei) und selbst bei relativ harmlosen Fotosafaris werden durch Querfeldeinfahrten Vegetation und Fauna oft schwer beeinträchtigt.

In den Ländern der Dritten Welt wird man sich der Gefahren die durch den ungezügelten Massentourismus entstehen können immer stärker bewusst und achtet zunehmend auf den Aspekt der **Nachhaltigkeit**. Umweltschutz wird immer wichtiger zur Wahrung der touristischen Ressourcen eines Landes und die Einnahmen aus dem Tourismus tragen ihrerseits erst zur Verwirklichung von Umweltschutzmaßnahmen bei.

Eine jüngere Entwicklung stellt der so genannte **Ökotourismus** dar, der umwelt- und sozialverträglicher als der Massentorismus auftreten möchte. So fordert z. B. eine Fluggesellschaft ihre Gäste auf, anorganische Abfälle wie Plastik, Batterien und Dosen während der Rundreise zu sammeln und entsorgt sie im Heimatland. Die Veränderung des Fremdenverkehrs in der beschriebenen Weise steckt allerdings noch in den Kinderschuhen und ihre Umsetzung wird noch längere Zeit in Anspruch nehmen.

Weltwirtschaftliche Verflechtungen und Globalisierung

1 Strukturen des Welthandels im Wandel

Der Anblick exotischer Früchte in den Lebensmittelabteilungen ist für uns ein gewohntes Bild. Ebenso beziehen wir industriell gefertigte Güter wie Textilien, Computer, Maschinen, Kraftfahrzeuge aus allen Teilen der Welt. All diese Güterbewegungen über Grenzen hinweg werden hinter den Kulissen begleitet von Dienstleistungen wie Logistik, Transport, Versicherungen, Finanzierung sowie Beratung, welche die Produktion im Ausland und die weltweite Vermarktung ermöglichen. Der Welthandel setzt sich somit aus verschiedenen Strömen zusammen: aus **Warenströmen, Kapitalströmen, Dienstleistungsströmen**.

1.1 Der freie Welthandel – Vorbedingung für Entwicklung?

Die Rolle der Dritten Welt in diesem globalen Geflecht unterliegt einem stetigen Wandel. Während der Kolonialzeit beherrschte der **Komplementärhandel** die wirtschaftlichen Verflechtungen. Der Süden lieferte die für den Industrialisierungsprozess nötigen Rohstoffe in die „Mutter"länder und sicherte so deren Rohstoffbasis. Andererseits diente er – in geringerem Umfang – als erweiterter Absatzmarkt für industrielle Massenprodukte, um durch bessere Auslastung der Maschinen die Rentabilität der Produktion zu steigern. Dem Süden war damit seine Rolle in der **internationalen Arbeitsteilung** zugewiesen.

Der Handel zwischen den Industrieländern war gesteuert von den Vorstellungen des **Freihandels**, die auf das **Theorem der komparativen Kostenvorteile** von RICARDO (1772–1823) zurückgehen. Die Wirtschaft eines Landes sollte sich demnach auf die Herstellung solcher Güter konzentrieren, die unter den gegebenen Bedingungen am günstigsten zu produzieren sind. Mit dem Erlös aus diesen Gütern könnten dann weltweit die Waren eingekauft werden, die man selbst nicht hat oder nicht rentabel erzeugen kann. Der freie Austausch der Güter würde dann allen helfen und zu allgemeinem Wohlstand führen.

Auf dieser theoretischen Basis wurde Anfang der 40er-Jahre unter der Führung der USA eine neue Weltwirtschaftsordnung konzipiert, um den Welthandel so liberal wie möglich zu gestalten. Dazu wurden Regeln aufgestellt, die den dauerhaften Abbau von tarifären[1] und nicht-tarifären[2] Handelshemmnissen sichern sollten, damit alle Nationen die Vorzüge des freien Warenaustausches genießen können.

Diese Regeln enthalten das **Allgemeine Zoll- und Handelsabkommen GATT**[3] von 1947, darunter als wichtigste das Prinzip der Meistbegünstigung[4] und das Verbot diskriminierender Handelshemmnisse. Seit Inkrafttreten des GATT wurden in insgesamt acht Verhandlungsrunden die Zölle auf Handelsgüter deutlich gesenkt (vgl. folgende Tabelle).

Die GATT-Runden

Bezeichnung der Runde	Zeitraum	durchschnittliche Zollsenkung (%)	Zahl der teilnehmenden Staaten
1 Genf	1947	19	23
2 Annecy	1949	2	13
3 Torquay	1950–51	3	38
4 Genf	1955–56	2	26
5 Dillon	1960–62	7	26
6 Kennedy	1964–67	35	62
7 Tokio	1973–79	34	102
8 Uruguay	1986–93	40	117

Dem GATT vorangegangen waren die Vereinbarungen von **Bretton Woods** (1944), die sicherstellten, dass nationale Währungen zu einem festen Wechselkurs in Dollar, der Welthandelswährung, umgetauscht werden konnten. Gleichzeitig wurden die **Weltbank** und der **Internationale Währungsfonds** gegründet, um den Wiederaufbau der kriegsgeschädigten Nationen zu unterstützen und, zusammen mit den nationalen Zentralbanken, die Finanzströme zu überwachen.

1 Zölle, Strafzölle z. B. bei Preisdumping
2 z. B Importquoten, technische Auflagen, Sicherheitsstandards, Verwaltungsvorschriften, Ausfuhrsubventionen
3 General Agreement on Tariffs and Trade
4 Sonderkonditionen für einen Handelspartner müssen allen anderen GATT-Mitgliedern ebenfalls gewährt werden. Diese Regel tritt dann außer Kraft, wenn sich Länder zu Freihandelszonen oder Wirtschaftsgemeinschaften zusammenschließen (z. B. EWG/EU, später auch NAFTA).

Entwicklung der Weltexporte nach Regionen

	1963	1973	1983	1996
Weltexporte (Mrd. US-$)	155	574	1915	5161
Industrieländer	64,0 %	68,0 %	62,3 %	61,1 %
Handel zwischen Industrieländern	45,1 %	51,1 %	44,5 %	
Entwicklungsländer	20,5 %	19,2 %	24,7 %	28,3 %
Ostblock/Transformationsländer	12,1 %	10,1 %	11,0 %	0,4 %

Anteile von Industrieländern am Weltexport in %

	1953	1963	1973	1983	1996
USA	19,0	14,9	12,2	11,0	12,1
Deutschland	5,7	7,9	11,7	8,9	10,1
Japan	1,3	3,6	6,4	8,9	8,0
Großbritannien	8,7	9,4	5,3	4,9	5,1
Frankreich	4,8	8,1	6,3	4,9	5,6

Rangfolge wichtiger Exportländer der Dritten Welt

	1973	1983	1995	1996
Taiwan	27	12	14	14
Südkorea	35	14	12	12
Hongkong	24	15	8	9
China	21	18	11	11
Mexiko	41	19	20	20
Singapur	23	20	13	13

In den vergangenen vierzig Jahren hat sich der Welthandel vom klassischen **Komplementärhandel** weit entfernt. Etwa drei Viertel des Warenaustausches bestreiten heute die Industrieländer im **intra-industriellen Handel** untereinander. Hier dominieren die **Kernräume** der USA, Europas und Japans, der **Triade**, an welche die jeweiligen wirtschaftlichen **Ergänzungsräume**, so genannte **Semiperipherien** angebunden sind. Deshalb setzt sich heute der größte Teil der weltweit gehandelten Güter auch aus industriell gefertigten Halbfertig- und Fertigwaren zusammen, die gleichartig, gleichwertig, gleichpreisig sind; dabei hat sich der Anteil wissensintensiver Güter (hoher Anteil an Forschungs- und Entwicklungskosten) im Zeitraum von 1976 bis 1996 von 33 % auf 55 % erhöht[5].

5 World Development Report 1998/99, S. 28

Befürworter eines freien Welthandels, vor allem aus den Kernräumen, behaupten, die internationale Arbeitsteilung würde dazu beitragen, die allgemeine Wohlfahrt zu steigern. Denn Exportmöglichkeiten erweitern den Absatzmarkt und führen damit zu einer besseren Auslastung der Produktionsstätten und zu einer Steigerung der Gewinne. Ausländische Konkurrenz zwingt zu Rationalisierung und Modernisierung und steigert so die Wettbewerbsfähigkeit heimischer Betriebe. Investitionen aus dem Ausland bringen fehlendes Know-how und kommen damit der gesamten Volkswirtschaft zu Gute.

Motor der Ausweitung des Welthandels war eine schrittweise Liberalisierung des Warenhandels, später auch des Kapitalverkehrs und des Handels mit Dienstleistungen. Notwendige Begleiterscheinungen sind in der Beschleunigung und drastischen Verbilligung des transozeanischen Gütertransports sowie der explosionsartigen und revolutionären Entwicklung des Computereinsatzes und der Telekommunikation zu sehen. Alle diese Vorgänge bedingen und beschleunigen sich gegenseitig.

1.2 WTO – Ein wichtiges Instrument für die weitere Liberalisierung der Weltwirtschaft

Die Gründung der **Welthandelsorganisation WTO** (1994) als Nachfolgerin des GATT soll einen weiteren Wachstumsschub im Welthandel auslösen und nach dem Katalog der Gemeinsamen Ziele neben der allgemeinen Liberalisierung des Warenhandels, bisher in GATT geregelt, auch den Handel mit Dienstleistungen (GATS[6]) liberalisieren, aber zugleich auch den Schutz geistiger Eigentumsrechte (TRIPS[7]) sichern. Ein ebenso diskutiertes Abkommen über die Liberalisierung und Deregulierung von Investitionen durch TNKs (TRIMS[8]) wurde nicht verabschiedet, findet sich aber wieder in den Vorstellungen des MAI-Abkommens[9]. Dieses haben die Mitgliedsländer der OECD ohne Mitwirkung der Entwicklungsländer untereinander entwickelt, dessen weitere Behandlung wurde nach heftigen Protesten aber im Dezember 1998 einstweilen ausgesetzt.

Im Unterschied zum GATT hat WTO eine wesentlich stärkere Position. Staaten, die sich benachteiligt fühlen, können ein Schiedsgericht anrufen, dessen Entscheidungen für alle Mitgliedsländer verbindlich sind. (Z. B. wurde im

6 General Agreement on Trade in Services

7 Trade-related Aspects of Intellectual Property Rights – Schutz von Patenten, Markennamen, Urheberrechte

8 Trade-related Investment Measures – Schutz von Kapitalanlagen, Aktienkäufen, Devisengeschäften der TNK sowie der Investitionsfonds

9 Multilateral Agreement on Investment

Bananenstreit zwischen der EU und den USA die EU aufgefordert, die Mengenbeschränkungen für die „Dollarbananen" aufzuheben. Eine Umwandlung der Beschränkungen in Einfuhrzölle, die höher wären als für EU-Bananen, wurde dagegen nicht beanstandet.) Dies kann so weit gehen, dass nationale Gesetze geändert werden müssen, wenn sie mit den Regeln der WTO nicht vereinbar sind. Nur so ist zu verstehen, dass die EU mit der Agenda 2000 die Subventionen für die Landwirtschaft drosseln will.

Der **Anteil der Entwicklungsländer** am Welthandelsumsatz hat sich auf etwa ein Viertel eingependelt. Eine nachholende Industrialisierung war jedoch nur in sieben Ländern erfolgreich: Taiwan, Südkorea, Hongkong, Singapur, Mexiko, Brasilien, VR China. Auf diese Länder fielen 1984 75 % aller Fertigwarenexporte der Dritten Welt. Auch heute sind es im Wesentlichen die asiatischen Schwellenländer, die Tigerstaaten der ersten und der zweiten Generation, sowie wenige andere Schwellenländer wie Brasilien, Mexiko und Indien, die eine Rolle im Welthandelsgeflecht und in der Weltwirtschaft als Ganzes spielen.

Ökonomische Weltkarte (die Flächen der Länder sind proportional zu ihrem Bruttosozialprodukt)

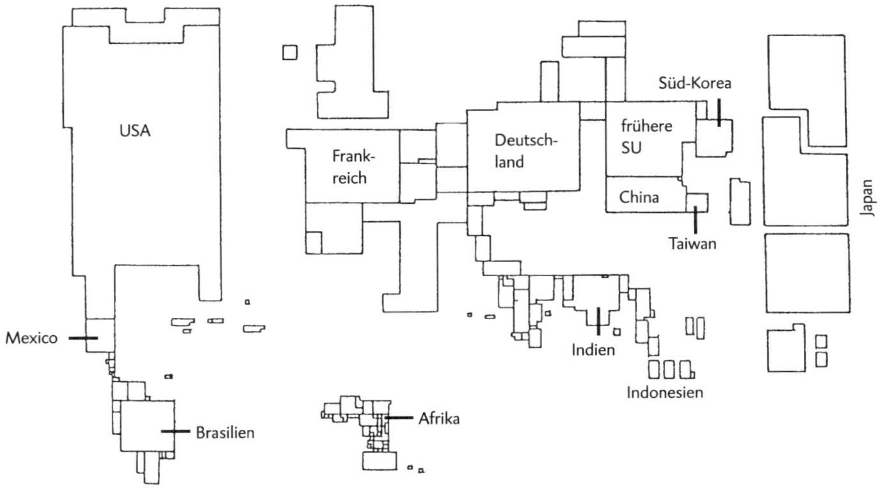

2 Chronologie der zunehmenden Verflechtung weltwirtschaftlicher Beziehungen

2.1 Die 60er-Jahre

„Die Jahre bis 1973 können im nachhinein als die goldenen Jahre der Weltwirtschaft bezeichnet werden. Wirtschaftliches Wachstum und internationaler Handelsaustausch begünstigten sich wechselseitig. Zwischen 1950 und 1973 erzeugte jedes Wachstum des Welteinkommens um 1 % eine Steigerung des Welthandels um 1,6 %. Vor allem in den Expansionsjahren 1963 bis 1973 nahm das Welthandelsvolumen mit durchschnittlich 9 % pro Jahr deutlich schneller zu als die Weltgüterproduktion mit jährlich 6 %. Der Handel mit Industriegütern stieg sogar um durchschnittlich 11,5 %".[10]

Globales Wachstum von Produktion, Export, Finanzmärkten und Direktinvestitionen 1970–1995 (Indexwert)[11]

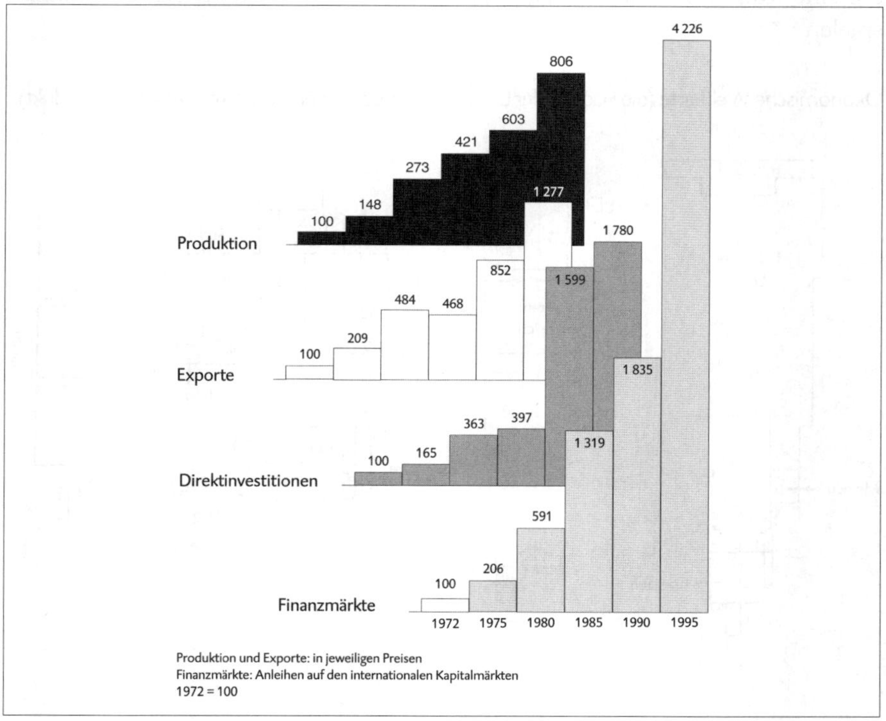

10 Nach General Agreement on Tariffs and Trade
11 Nach geographie heute 155/1997, S. 2

Nach Auflösung der europäischen Kolonialreiche gingen mehrere unabhängig gewordene Staaten den Weg der nachholenden Industrialisierung. Der deutlich stärkere Anstieg gerade des Handels mit Industriegütern zeigt, dass bereits in den 60er-Jahren der intra-industrielle Handel auf dem Vormarsch war. Aber auch der **inter-industrielle** Nord-Süd-Handel nahm zu: Die neue industrielle Arbeitsteilung hatte bereits Asien, mit der Leitnation Japan als Wegbereiter und sehr bald gefolgt von den Tigerstaaten, in den Welthandel integriert. Arbeitsintensive Massenprodukte stagnierender und schrumpfender Industriezweige wurden immer häufiger in NICs (newly industrializing countries) hergestellt und lösten Strukturanpassungskrisen in den Industrieländern aus (z. B. in der Textil- und Bekleidungsindustrie, bei Kohle und Stahl sowie beim Schiffbau). In dieser Phase dominierte die **Importsubstitutionspolitik**. Bei den meisten Entwicklungsländern änderte die errungene Unabhängigkeit von der jeweiligen Kolonialmacht jedoch wenig an der einseitigen Rohstofforientierung.

2.2 Die 70er-Jahre – Schlüsselphase für Globalisierung und Regionalisierung

In den 70er-Jahren trat neben die Importsubstitution die **Phase der passiven Lohnveredelung**, die über die aufstrebenden asiatischen Länder (Export-Anteil 1983 : 8,8 %) hinaus Verbreitung fand. Arbeitsintensive Industriezweige, die aufgrund der Marktsättigung und der hohen Fertigungskosten in den Industrieländern kaum noch Erträge erwirtschafteten, wurden in Form der verlängerten Werkbänke in Niedriglohnländer verlagert, um dort den Standortvorteil billigster Arbeitskraft nutzen zu können. Diese Verlagerung erfolgte häufig in so genannte Freie Produktionszonen, die es den Firmen erlaubten, Rohstoffe und Halbfertigwaren zollfrei einzuführen und ihre Endprodukte (nahezu) zollfrei wieder auszuführen. In der gleichen Phase wurden gravierende Weichenstellungen für die weitere Entwicklung der weltwirtschaftlichen Verflechtungen vorgenommen.

Es gibt mehrere **Schlüsselereignisse** für die Globalisierung. Zum einen führte die Freigabe der Wechselkurse im März 1973 zu starken Kursschwankungen, da nun der Wert der einzelnen Währungen auf den Devisenmärkten ausgehandelt wurde. Der doppelte Ölpreisschock von 1973 und 1979, der zu einer Verachtfachung der Rohölpreise führte, traf vor allem die Länder ohne eigene Energierohstoffbasis mit voller Wucht.[12] Auf der andere Seite kam es zu

12 Rohölpreis pro barrel 1970: 1,80 US-$, 1974: 12,60, 1980: 36,25 US-$, 1997: 20,82 US-$, 1998: 12,28 US-$, Febr. 1999: 10,02 US-$, Dez. 1999: 25,34 US-$

einem **Recycling der Petrodollars**, denn die immensen Einnahmezuwächse der Ölproduzenten führten zu einer **Kapitalschwemme**, die über europäische und amerikanische Banken weltweit nach Anlagemöglichkeiten suchte. Die Petrodollars flossen sehr stark in Währungsspekulationen, wurden aber auch zu günstigen Konditionen vielen Entwicklungsländern aufgedrängt und dort begierig aufgenommen und bildeten damit aber die Wurzel für die Verschuldungskrise der 80er-Jahre.

Nach einem drastischen Zinsanstieg infolge der kredit-finanzierten Hochrüstungspolitik der USA unter Reagan, die auch zu einer Aufwertung des Dollars führte, nahmen Zahlungsbilanzschwierigkeiten und Probleme bei der Begleichung der Schulden zu. Überschuldete Länder, die in solchen Situationen die Hilfe des Internationalen Währungsfonds **(IWF)** in Anspruch nehmen mussten, sahen sich gezwungen, eine ganze Reihe von Auflagen in Form von **Strukturanpassungsmaßnahmen** zu erfüllen. Deren Kernpunkte waren und sind Liberalisierung, Deregulierung und Privatisierung. Es ging dabei um die Liberalisierung des Außenhandels zur Förderung der freien Marktwirtschaft, die Senkung von Importzöllen, die Förderung des Exports, um Devisen für die Schuldentilgung zu erwirtschaften, die Rückgewinnung der Kreditwürdigkeit bei internationalen Banken, die Privatisierung von Staatsbetrieben, von staatlichen Dienstleistungen, die Deregulierung der Wirtschaft durch Reduktion staatlicher Auflagen sowie die Inflationsbekämpfung durch harte Kürzungen im Sozial- und Bildungsbereich.

Trotz aller Bekenntnisse zur Bedeutung des freien Welthandels waren es gerade die führenden Handelsnationen, die sich gegen Einfuhren aus Billiglohnländern mit protektionistischen Maßnahmen schützten. Neben erlaubten Zöllen waren es etwa 600 verschiedene nicht-tarifäre Handelshemmnisse, mit denen die Konkurrenz von den heimischen Märkten ferngehalten wurden. Zu den wichtigsten geschützten Sektoren gehört bis heute der Agrarmarkt in allen drei Kernräumen (USA, Europa, Japan).

2.3 Die 80er- und 90er-Jahre – die Globalisierung auf dem Vormarsch

Globalisierung der Produktion

Anstelle der passiven Lohnveredelung, die in den 80er-Jahren bereits an Bedeutung verlor, trat zunehmend eine Orientierung nach den Hauptabsatzmärkten. Unternehmen aus einem Kernraum (z. B. Deutschland) investieren in den jeweils anderen Kernräumen der Triade (z. B. USA) oder in deren Semiperipherien (z. B. in Mexiko), um von dort aus Zugang zu Märkten zu haben und gleichzeitig Einfuhrbeschränkungen sowie Wechselkursschwankungen zu umgehen.

Die treibenden Kräfte hinter dieser Neuorientierung sind Transnationale Konzerne (TNK, auch **„global players“** genannt), zu denen immer mehr mittelständische Firmen stoßen, die ihre Produktion ebenfalls globalisieren.

Die drastische Senkung der Transportkosten (seit 1930 Seefracht um 50 %, Luftfracht um 83 %, Telekommunikation um 99 %), die Containerisierung und die schnelle, zuverlässige Lieferung entlang der Hauptcontainerrouten erlauben es nun, die Produktionsschritte jeweils für sich zu kalkulieren und weltweit nach dem jeweils günstigsten Standort oder Lieferanten zu suchen (Outsourcing). Das Beispiel der Autoindustrie verdeutlicht diesen Prozess: Die Hersteller beziehen von weltweit verstreuten Zulieferern immer mehr Teile vormontiert als Komponenten und Module, die just-in-time in den Werken in Europa oder den USA endmontiert werden. Leistungsfähige Computernetzwerke gewährleisten fast zeitgleiche Disposition, Kontrolle und Kostenabwicklung.

Liberalisierung der Kapitalmärkte

„... zwischen 1990 und 1995 (stieg) die weltweite Güterproduktion um ein Drittel, die Exporte vermehrten sich um die Hälfte, die Umsätze auf den Finanzmärkten dagegen stiegen um 230 Prozent; bezogen auf das Jahr 1972 hat sich die Weltproduktion verdreifacht, das Volumen der Exporte verachtfacht, die Umsätze auf den Finanzmärkten dagegen sind um das 43-fache gestiegen.“[13]

Diese weitergehende Liberalisierung ist ganz im Interesse der Transnationalen Konzerne, hinter denen zunehmend einflussreiche Kapitalgesellschaften stehen, so genannte institutionelle Anleger[14], deren Kapitalbewegungen aber keinerlei Kontrolle durch Nationalbanken unterliegen. Das Hauptinteresse solcher Anleger ist es, durch Vergabe von Krediten mit kurzer Laufzeit sowie durch den Erwerb von Firmenbeteiligungen hohe Erträge zu erwirtschaften, die sich in hohen Dividenden für ihre Aktionäre niederschlagen (shareholder value). Gerade Kurzfristigkeit lenkt die Investitionen dorthin, wo hohe Renditen winken. So schwappten in den Jahren 1994 bis 1996 riesige Geldmengen in die späteren Krisenländer Indonesien, Korea, Malaysia, Thailand und Philippinen, obwohl dort wegen einer hohen Sparquote genügend Kapital vorhanden war. Bei den ersten Anzeichen einer Krise wurden die Gelder ebenso rasch wie-

13 Nach Franz-Xaver Kaufmann: Globalisierung und Gesellschaft. Aus Politik und Zeitgeschehen B 18/98, 24.4.1998, S. 8

14 Versicherungsgesellschaften, Pensionsfonds, Investmentfonds, Universalbanken

der abgezogen, was zum Zusammenbruch vieler Firmen und Banken führte. Verschärft wurde dieser Prozess durch das Eingreifen von Devisenspekulanten, wodurch die Wechselkurse in den Keller fielen[15] mit gravierenden wirtschaftlichen und sozialen Folgen für die Bevölkerung.

3 Gewinner und Verlierer

Die gesamten Güterexporte im maritimen Weltwirtschaftsraum werden zu 75 % von TNKs getätigt. Um an den aufgezeigten Innovationen teilhaben zu können, müssen Länder/Staaten/Standorte eine Reihe von Bedingungen erfüllen:

- Lage an den wenigen Containerrouten oder wenigstens an sekundären Zulieferrouten,
- leistungsfähige Be- und Entladeeinrichtungen in den Häfen,
- leistungsfähige, zuverlässige Telekommunikationsanschlüsse,
- schnelle Abwicklung der Zoll- und sonstiger Verwaltungsformalitäten,
- gut ausgebaute Infrastruktur im Hinterland der Umschlagshäfen,
- leistungsfähige Flughäfen (für manche Produkte),
- qualifizierte aber billige Arbeitskräfte für eine stark automatisierte Produktion.

Strategisch bedeutendste Häfen und Transportwege

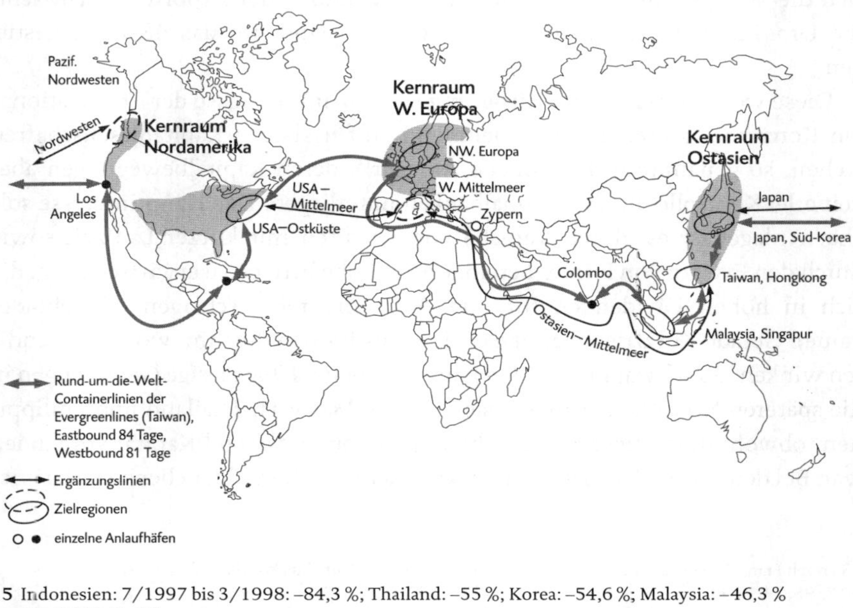

15 Indonesien: 7/1997 bis 3/1998: –84,3 %; Thailand: –55 %; Korea: –54,6 %; Malaysia: –46,3 % (E+Z 3/1999/S. 67)

Wie die Karte der Häfen zeigt, werden große Räume zu „Niemandsländern", da sie die Bedingungen nicht erfüllen: Zu den Verlierern gehören – mit Ausnahme weniger Hafenstandorte und Metropolen – große Teile Lateinamerikas sowie fast alle subsaharischen Länder Afrikas.

Die unterschiedlichen Ränge der Handelsplätze in Afrika

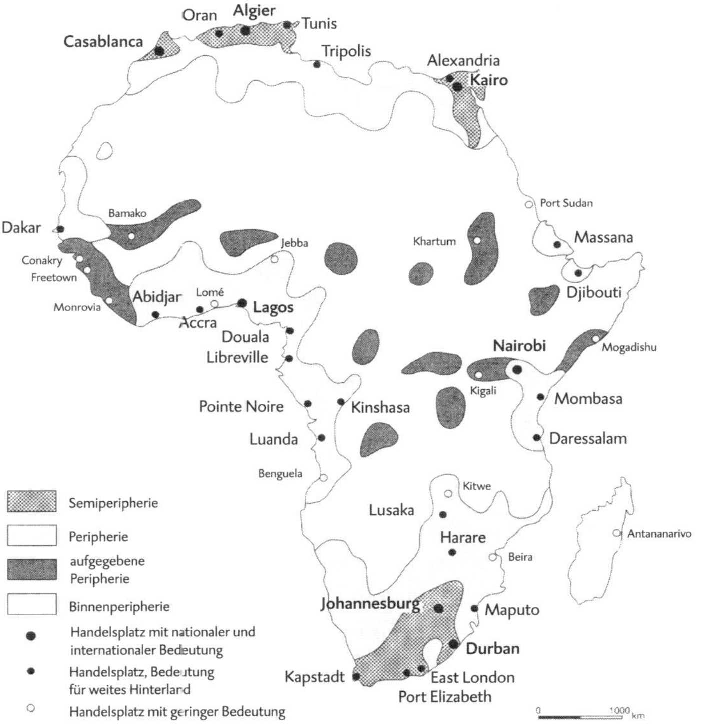

Nur Ergänzungsräume, die Semiperipherien der Triade haben eine reelle Chance, in den weltweiten Kampf um Investitionen als Standorte im global sourcing mithalten zu können. Die Peripherien werden allenfalls als Billiglohnstandorte für verlängerte Werkbänke in Frage kommen. Räume, die in der Kolonialzeit noch eingebunden waren in den Nord-Süd-Austausch, verlieren jegliches Interesse der TNK, sie werden aufgegeben, marginalisiert und zu Abwanderungsräumen.

4 Rohstoff exportierende Länder und die Terms of Trade

Unter **Terms of Trade** (ToT) versteht man das Verhältnis von Exportpreisniveau zu Importpreisniveau, berechnet nach dem Index der Durchschnittspreise für Ausfuhren, geteilt durch den Einfuhrpreisindex. Daraus lässt sich das reale Austauschverhältnis beschreiben.

Die Exporterlöse vieler Entwicklungsländer, vor allem in Afrika, hängen fast nur von **mineralischen Rohstoffen** und **Agrarprodukten** ab (Uganda: Kaffee 91 % der Exporte; Niger: Uran 90 %; Nigeria: Erdöl 96 %). Diese einseitige Abhängigkeit hat fatale Folgen. Die Rohstoffpreise werden nicht von den Produzenten bestimmt, sondern an den Börsen in den Industrieländern ausgehandelt. Daraus ergeben sich starke Schwankungen, die eine langfristige Wirtschaftspolitik auf der Basis der Deviseneinnahmen stark behindern. Die Chance der Erzeuger, die angebotene Menge zu beschränken, ist sehr begrenzt. Die meisten Länder sind hoch verschuldet und stehen unter dem Zwang, Devisen zu erwirtschaften, um Entwicklungsprojekte finanzieren und den Schuldendienst bedienen zu können. Außerdem sind die Rohstoffpreise tendenziell fallend, sodass die Entwicklungsländer immer mehr ihrer Produkte verkaufen müssen, um die tendenziell teurer werdenden Industriegüter einkaufen zu können, die sie benötigen, um ihre Wirtschaften weiterentwickeln zu können. Der von vielen Erzeugerländern begangene Weg, die sinkenden Erlöse durch Mehrproduktion auszugleichen, erweist sich regelmäßig als Bumerang, denn die Folge eines Überangebots sind – nach kurzfristig steigenden Erlösen – fallende Preise.

Schematische Darstellung der Preisentwicklung bei Rohstoffen und Industrieprodukten zur Erläuterung der Terms of Trade

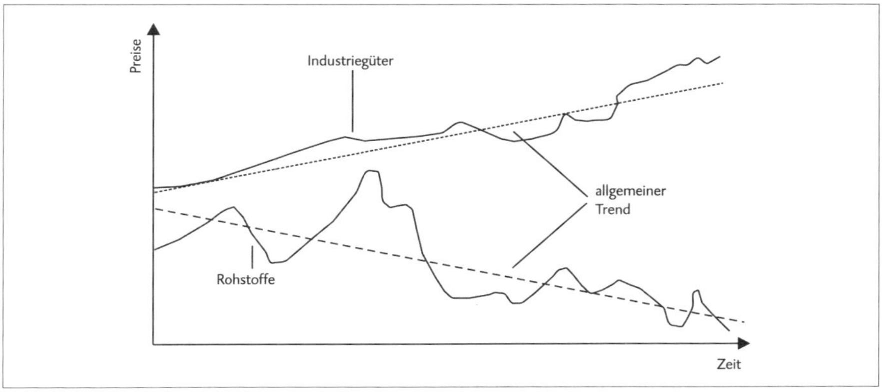

5 Europäische Zusammenarbeit mit den AKP-Ländern – Ein gescheitertes Modell?

Obwohl die meisten Länder Afrikas im Rahmen der AKP-Sonderregelungen[16] seit Jahrzehnten bevorzugt werden und Stabilisierungsmaßnahmen für Erträge aus dem Export von agrarischen (Stabex) und mineralischen Rohstoffen (Sysmin) vereinbart wurden hat die Armut in den bevorzugten Regionen zugenommen und das Ziel, eine nachhaltige Entwicklung anzustoßen, ist kaum erreicht worden. Demokratisierung und Stärkung der Menschenrechte bleiben nachwievor Wunschvorstellungen und fast 50 der 71 AKP-Länder gehören noch immer zur Gruppe der ärmsten Staaten (LDC), allen voran die subsaharischen Staaten. Afrikas Anteil am Welthandel insgesamt liegt bei knapp zwei Prozent.

Gründe dafür sind zum einen, dass die Volkswirtschaften der afrikanischen Staaten immer noch das **typische koloniale Spezialisierungsmuster** aufweisen. Die Ausfuhren bestehen zu über 80 % aus agrarischen und mineralischen Rohstoffen. Da die meisten Länder ohne nennenswerte eigene industrielle Basis sind werden vor allem Investitionsgüter, Fertigwaren, Mineralöl und Nahrungsmittel eingeführt. Zum anderen haben Stabex und Sysmin zwar die Rohstoffversorgung der EU gesichert, aber in Afrika zu einer Verfestigung der einseitigen Produktions- und Exportstrukturen geführt und gerade nicht zu

16 71 Staaten aus Afrika, Karibik, Pazifik, vorwiegend aber 48 subsaharische Länder mit 95 % der Bevölkerung und 80 % der wirtschaftlichen Leistung

einer Stabilisierung der Exporterlöse beigetragen. Zudem haben die wegen der Abkommen relativ gesicherten Einnahmequellen für die Staatseliten eine Diversifizierung der Angebotspalette und eine weitergehende Industrialisierung geradezu verhindert.

6 Direktinvestitionen als Indikator für Entwicklungschancen?

Als Kennzeichen für die Investitionstätigkeit der global players werden die **Direktinvestitionen** (ADI) herangezogen, zu denen Unternehmensbeteiligungen, Aktienkäufe, Fusionen, aber auch die Errichtung oder Modernisierung von Produktionsstätten zählen. Die weltweite Verteilung der ADI verrät jedoch eindeutige Prioritäten: Die Summe der ADI hat sich zwischen 1990 und 1997 zwar versechsfacht (von 19 Mrd. auf 118 Mrd. US-$), aber nur 10 Länder profitieren davon, allen voran China mit 31 %, gefolgt von Brasilien mit 13 % und Mexiko mit 7 %; alle anderen Entwicklungsländer zusammen erhalten mit 27 % weniger als China, 33 Länder Schwarzafrikas nur 0,8 %[17], und die LDC, die Investitionen am dringendsten benötigten, gerade 1,5 %.

Die dringlichsten Investitionen für die armen Länder müssten folgende Defizite beseitigen:

- schlechte Infrastruktur,
- nahezu völlig fehlende Anbindung an verlässliche Telekommunikationsnetze,
- hohe Analphabetenrate und mangelnde technische Kompetenz,
- niedrige Produktivität und geringe Auslastung vorhandener Industrie.

Fazit: Die Globalisierung als Ausdruck der neoliberalen Wirtschafts- und Finanzpolitik hat das erklärte Ziel dieser Ideologie, weltweit den Wohlstand zu mehren, weit verfehlt. Vielmehr verstärken sich die Disparitäten zwischen armen und reichen Nationen, aber auch innerhalb der Staaten – zwischen den Wachstumsräumen und der Peripherie. Nur solche Regionen sind für Investoren interessant, in denen es möglichst wenig Auflagen gibt, die statt dessen ein unternehmerfreundliches Klima schaffen, große infrastrukturelle und administrative Vorleistungen erbringen, kaum Steuern verlangen, die Einhaltung von Arbeits- und Umweltschutzauflagen nicht kontrollieren.

17 Davon allein Nigeria 54 %, wobei die Investitionen wohl überwiegend in eigene Unternehmen von TNK aus den Industrieländern gehen (World Development Report 1998/99, Tab. 21)

Probleme der Entwicklungsländer und Lösungsansätze

1 Grundlegende Probleme und Indikatoren der Unterentwicklung

Um den Entwicklungsstand eines Landes zu charakterisieren werden **Indikatoren** aus den Bereichen Bevölkerung, Ernährung, Gesundheitswesen, Bildungswesen, Wirtschaft, Verkehrs- und Kommunikationswesen verwendet. Obwohl es keine Einigkeit über die relative Bedeutung und Wertigkeit der einzelnen Indikatoren gibt, ist es unbestritten, dass die genannten Indikatoren die grundlegenden Probleme der Entwicklungsländer widerspiegeln. Aus Gründen der Übersichtlichkeit werden die wichtigsten Merkmale zu ökonomischen, demographischen, soziokulturellen und politischen Merkmalsgruppen zusammengefasst.

1.1 Ökonomische Problembereiche und Indikatoren

- geringes BSP/Kopf
- extrem ungleiche Verteilung des BSP
- niedrige Spar- und Investitionstätigkeit
- hohe Arbeitslosigkeit
- große Bedeutung des informellen Sektors
- bedeutende Rolle des primären Sektors
- defizitärer Außenhandel

Armut in den Entwicklungsländern (Als Armutsgrenze wurde ein Pro-Kopf-Einkommen von etwa 420 US-Dollar [Preise 1990] zu Grunde gelegt.)

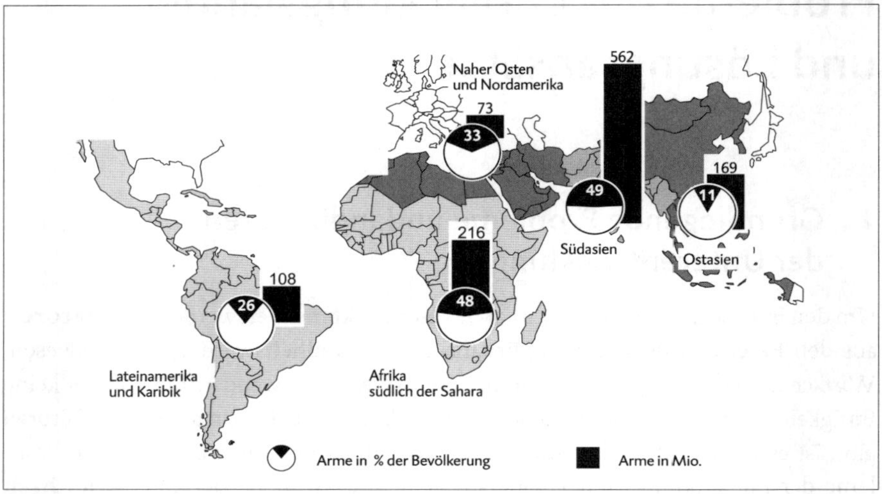

Darstellung der Problembereiche und wichtiger Indikatoren

Geringes Bruttosozialprodukt pro Kopf

Als Maßstab für die durchschnittliche Wirtschaftskraft eines Landes wird in der Regel das Bruttosozialprodukt (BSP) pro Kopf herangezogen. Ein Problem bei der Erfassung des BSP ist die Bewertung der besonders in Entwicklungsländern bedeutenden **Subsistenzversorgung** der Bevölkerung. Kritisch ist auch die Umrechnung des in nationalen Währungen gemessenen BSP in eine gemeinsame Währungsbasis, meist US-$, wobei starke Wechselkursschwankungen und Kaufkraftunterschiede mitberücksichtigt werden müssen.

Extrem ungleiche Verteilung des BSP

Die Angabe durchschnittlicher BSP-Werte pro Kopf sind häufig irreführend, wenn wie in vielen Entwicklungsländern die sozialen und regionalen Einkommensunterschiede besonders groß sind. Brasilianische Untersuchungen haben z. B. ergeben, dass die ärmsten 40 % aller Haushalte weniger als 7 % des gesamten Privateinkommens besitzen.

Niedrige Spar- und Investitionstätigkeit

Folge des extrem geringen Einkommens ist eine niedrige Sparrate. Diese und die Kapitalflucht der reichen Bevölkerungsschicht ins Ausland behindert die Investitionstätigkeit, weshalb vor allem lokale einheimische Kleinunternehmer kaum Kredite für den Ausbau ihres Betriebes erhalten.

Hohe Arbeitslosigkeit

Erwerbslosigkeit und Unterbeschäftigung sind die besonders drängenden Probleme in den Entwicklungsländern, von denen nach Schätzungen etwa ein Drittel der arbeitsfähigen Bevölkerung betroffen sind.

Große Bedeutung des informellen Sektors

Vor allem in den Großstädten und Verdichtungsräumen ist die Beschäftigung im informellen Sektor von zunehmender Bedeutung. Als informellen Sektor bezeichnet man jenen Zweig der Wirtschaft, der weder von den Steuerbehörden erfasst noch von anderen gesetzlichen Vorschriften und Auflagen geregelt wird. In vielen Ländern wird der informelle Sektor zunehmend organisiert und erwirtschaftet einen nicht unerheblichen Anteil des offiziellen BSP.

Bedeutende Rolle des primären Sektors

Bei den Wirtschaftsbereichen dominiert meist der primäre Sektor und hier besonders die Landwirtschaft. Der Anteil des sekundären Sektors sowohl am BSP als auch an der Zahl der Arbeitsplätze ist vergleichsweise gering.

Die Waren der Armen – Die wichtigsten Exportprodukte ausgewählter Entwicklungsländer in % ihrer gesamten Exporte

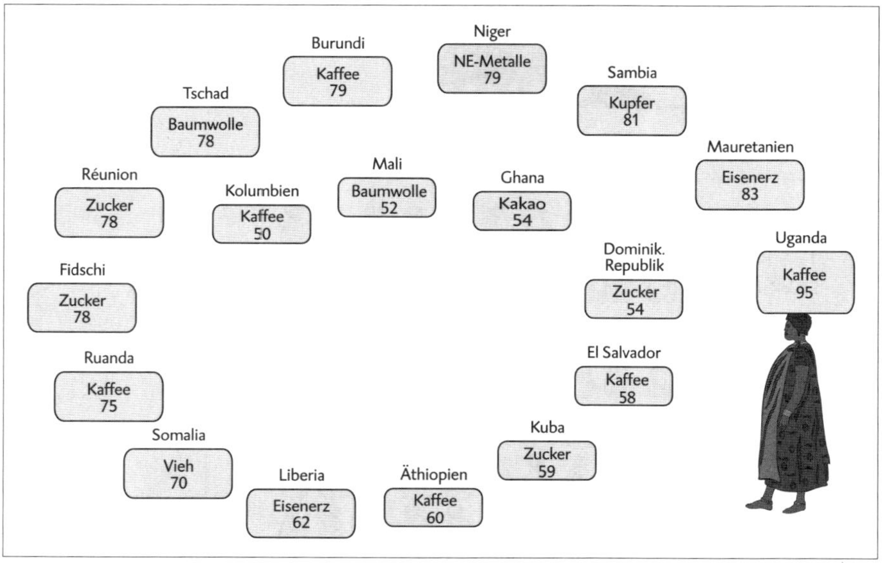

Unausgeglichener Außenhandel

Die **Exportstruktur** der meisten Entwicklungsländer ist einseitig auf die Märkte der Industrieländer ausgerichtet mit einem hohen Anteil mineralischer und agrarischer Rohstoffe. Dagegen ist der Anteil der exportierten Halb- und Fertigwaren und der Industrieprodukte gering. Viele Staaten der Dritten Welt sind sogar vom Export eines einzigen Produktes, z. B. Kaffee oder Erdöl abhängig und damit den starken Preisschwankungen des Weltmarktes schutzlos ausgeliefert. Importiert werden dagegen meist hochwertige Industriegüter (Investitions- und Konsumgüter) und zunehmend auch Nahrungsmittel.

Verschlechterung der Terms of Trade

Die Terms of Trade sind das in gleichen Währungseinheiten ausgedrückte Austauschverhältnis von Exporten und Importen eines Landes. Eine preisbezogene Verschlechterung der Terms of Trade bedeutet, dass ein Land für die gleiche Menge eines Importproduktes eine größere Menge eines Exportproduktes verkaufen muss.

Terms of Trade 1980–1990

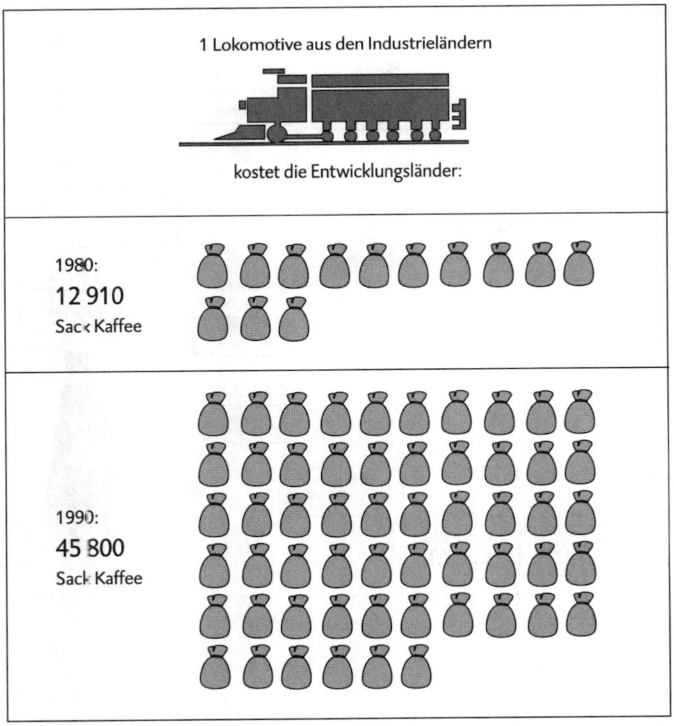

Grund für die Verschlechterung der Terms of Trade sind weltweit steigende Preise für Industrieerzeugnisse als Folge zunehmenden Wohlstandes in den Industrieländern (z. B. Lohnsteigerungen und Lohnnebenkosten) und eines Überangebotes von Rohstoffen auf dem Weltmarkt.

Hohe Auslandsverschuldung
In der Dritten Welt ist die Auslandsverschuldung seit den 80er-Jahren drastisch angestiegen. Die wichtigsten Ursachen dieser Auslandsverschuldung waren die Ölpreissteigerungen in den 70er-Jahren, der Preisverfall für viele Rohstoffe und in der Folge sinkende Exporteinnahmen der Entwicklungsländer, die Verschlechterung der Terms of Trade für viele Entwicklungsländer, der Anstieg der Zinsen (Hochzinspolitik der Industrieländer) und die unwirtschaftliche Verwendung der Kreditmittel für Waffenkäufe und/oder Prestigeprojekte.

1.2 Demographische Problembereiche und Indikatoren

- hohes Bevölkerungswachstum
- niedrige Lebenserwartung
- rasche Verstädterung
- umfangreiche Binnen- und grenzüberschreitende Migration

Darstellung der Problembereiche und wichtiger Indikatoren

Hohes Bevölkerungswachstum
Medizinischer Fortschritt hat zu einer deutlichen Abnahme der Sterbeziffer geführt während, anders als in den Industrieländern, die Geburtenziffer nicht im gleichen Maß gesunken ist. 80 % der heute 6 Mrd. Menschen leben in der Dritten Welt. Die meisten Länder streben eine deutliche Verringerung ihres Bevölkerungswachstums an, weil sich dieses als wichtigstes Hemmnis bei der wirtschaftlichen Entwicklung erweist.

Niedrige Lebenserwartung
Durch unzureichende Ernährung, fehlende medizinische Versorgung in Katastrophenfällen, Naturkatastrophen und größere Gewaltbereitschaft auch bei ethnischen Konflikten beträgt die durchschnittliche Lebenserwartung in den Entwicklungsländern 63 Jahre, 13 Jahre weniger als in den Industrieländern. Aber auch hier sind die regionalen Unterschiede sehr groß: in den Ländern der Sahelzone z. B. liegt die Lebenserwartung unter 50 Jahren, in Nordafrika erreicht sie fast 70 Jahre.

Rasche Verstädterung

Seit 1970 stieg die städtische Bevölkerung in der Dritten Welt von 650 Mio. auf 1900 Mio., d.h. um fast 200 %. Der Verstädterungsgrad (Anteil der Bevölkerung der in Städten lebt) zeigt jedoch regional große Unterschiede. In Südamerika erreicht er 78 % und ist somit vergleichbar mit Europa, in Afrika schwankt er zwischen 45 % in Nordafrika (z. B. Libyen 85 %) und 21 % in Ostafrika (z. B. 6 % in Ruanda).

Umfangreiche Binnen- und grenzüberschreitende Migration

Ursache der rasch zunehmenden Urbanisierung in der Dritten Welt sind die Land-Stadt-Wanderungen gerade jüngerer Menschen in die Großstädte und Metropolen der Entwicklungsländer. Aber auch grenzüberschreitende Wanderungen nehmen an Umfang zu. Die Weltbank schätzt die Zahl der Arbeitsmigranten auf mindestens 125 Mio. Zielländer sind attraktive Entwicklungsländer wie z. B. Südafrika, die arabischen Golfstaaten und natürlich die Industrieländer. Zunehmend handelt es sich jedoch um Flüchtlinge, die wegen politischer Verfolgung, Bürgerkriegen, Naturkatastrophen oder der allgemeinen Armut ihr Heimatland verlassen.

1.3 Soziokulturelle Problembereiche und Indikatoren

- hohe Analphabetenrate
- geringe soziale Mobilität
- Benachteiligung von Frauen

Darstellung der Problembereiche und wichtiger Indikatoren

Geringe soziale Mobilität

Vorherrschende traditionelle Werte- und Verhaltensmuster, die wie z. B. das indische Kastenwesen religiös untermauert sind, erschweren die soziale Mobilität in vielen Entwicklungsländern. Dies gilt besonders für den ländlichen Raum, wo sich Innovationen nur schwer durchsetzen können.

Hohe Analphabetenrate

In vielen Ländern beträgt die Analphabetenrate noch über 50 %, in besonders armen Regionen wie z. B. in der Sahelzone sogar 70–80 %. Während in städtischen Gebieten Alphabetisierungsmaßnahmen das allgemeine Bildungsniveau verbessert haben, blieben die ländlichen Regionen von dieser Entwicklung bisher häufig ausgespart. Da unzureichende Bildung als ein wesentliches Hemmnis für die wirtschaftliche Entwicklung betrachtet wird, wird heute durch zahlreiche Entwicklungshilfeprojekte versucht, eine flächendeckende Versorgung mit allgemeinbildenden Schulen zu gewährleisten.

Analphabetismus in der Welt
(geschätzte Analphabetenrate bei den über 15-Jährigen 1995)[1]

Kontinent/Region/Land	Gesamt in %	Männer in %	Frauen in %
Welt gesamt	22,6	16,4	28,8
Afrika	43,8	33,5	54,0
Amerika	8,3	7,6	8,9
Europa	1,5	1,2	1,8
Ozeanien	5,2	3,9	6,5
Entwicklungsländer	29,6	21,1	38,3
Afrika südl. d. Sahara	43,2	33,4	52,7
Lateinamerika/Karibik	13,4	12,3	14,5
Ostasien/Ozeanien	16,4	9,4	23,7
LDC (least developed countries)	51,2	40,5	61,9

Benachteiligung von Frauen

In der Dritten Welt sind Frauen wirtschaftlich, politisch, rechtlich und sozial erheblich stärker benachteiligt als in den Industrieländern. Experten schätzen, dass 70 % der Ärmsten und zwei Drittel der Analphabeten Frauen sind und dass die Einschulungsrate bei Mädchen erheblich niedriger ist als bei Jungen. Im Gegensatz dazu spielen aber die Frauen eine Schlüsselrolle im Entwicklungsprozess, nicht nur bei der Familienplanung, Gesundheitsvorsorge und Kindererziehung, sondern auch bei der wirtschaftlichen Erwerbstätigkeit und hier besonders bei der Subsistenzproduktion.

Landwirtschaftliches Entwicklungsprogramm der senegalesischen Postbank „La Poste" speziell für Frauen

1 Quelle: http://unescostat.unesco.org/yearbook/Table2_2.htm

1.4 Politische Problembereiche

Wissenschaftler halten den „schwachen Staat“ für ein herausragendes Merkmal der Dritten Welt. Häufig handelt es sich um autoritäre Regime oder Militärdiktaturen, die nicht in der Lage sind, Entwicklung als zentrale Aufgabe einer Regierung zu fördern. Als Nachteil gilt die allgegenwärtige Korruption bis in höchste Staatsämter und der Verlust von Vertrauen in die Verwaltung, der häufig die Legitimation als Vertretung des Volkes abgesprochen wird. Die Verletzung der Menschenrechte, gewaltsame Konflikte, die zu Flucht und Vertreibung führen und unangemessen hohe Rüstungsausgaben verstärken den **Teufelskreis der Armut**, in dem sich vor allem die Ärmsten der armen Entwicklungsländer befinden.

Teufelskreise der Armut

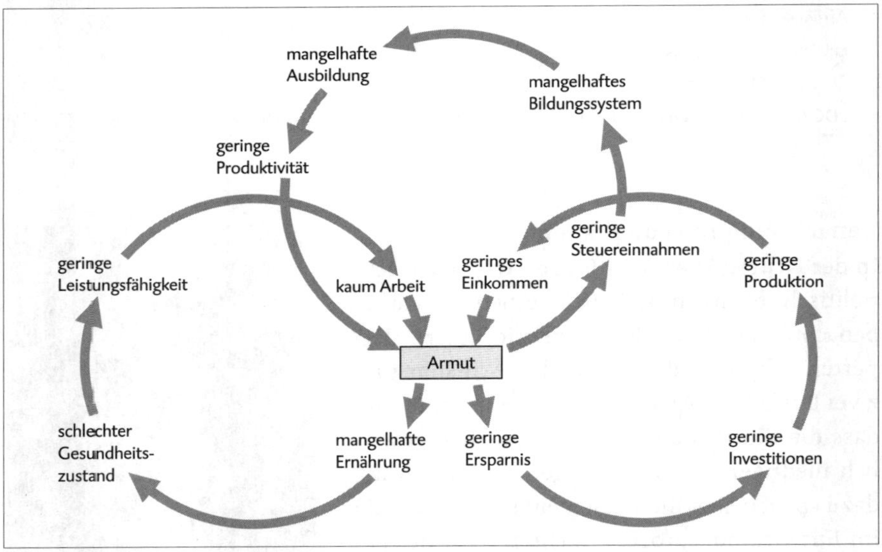

2 Klassifizierung der Entwicklungsländer

Eine weltweit verbindliche Liste der Entwicklungsländer existiert bisher nicht. Die Vereinten Nationen, die Weltbank und der Entwicklungshilfeausschuss (DAC) der OECD (Organization for Economic Cooperation und Development) verwenden ähnliche Kriterien, in erster Linie das Bruttosozialprodukt pro Kopf, bewerten diese jedoch unterschiedlich.

2.1 Die DAC-Liste der Entwicklungs- und Übergangsländer

Die DAC-Liste wurde erstmalig 1962 erstellt, um ein System zur Erfassung der öffentlichen Entwicklungszusammenarbeit und der sonstigen Leistungen der DAC-Mitglieder an die Entwicklungsländer zu schaffen. Seit 1997 ist diese DAC-Liste in zwei Gruppen gegliedert: Entwicklungsländer und Übergangsländer.

Entwicklungsländer und -gebiete

Der Entwicklungshilfeausschuss der OECD unterteilt die Entwicklungsländer und -gebiete, die finanzielle Hilfe im Rahmen der öffentlichen Entwicklungszusammenarbeit erhalten, in fünf Gruppen:

- am wenigsten entwickelte Länder (LDC),
- Länder mit niedrigem Einkommen (BSP pro Kopf unter 765 US-$ 1995),
- Länder mit niedrigem mittleren Einkommen (Pro-Kopf-BSP 1995 zwischen 766 und 3 035 US-S),
- Länder mit höherem mittleren Einkommen (Pro-Kopf-BSP 1995 zwischen 3 036 und 9 385 US-$),
- Länder mit hohem Einkommen (Pro-Kopf-BSP 1995 über 9 385 US-$).

Die Geberländer haben sich aber geeinigt, ihre Unterstützung auf solche Staaten zu konzentrieren, die unterhalb der Ausleihgrenze der Weltbank (BSP pro Kopf von 5 295 US-$) liegen. Über 90 % der internationalen Entwicklungshilfe gehen an diese Länder und etwa zwei Drittel werden an Länder geleistet, die als „am wenigsten entwickelt" eingestuft sind.

Länder und Gebiete, die sich im Übergang befinden

Zu dieser Kategorie zählen die weiter fortgeschrittenen mittel- und osteuropäischen Länder, die neuen unabhängigen Staaten der früheren Sowjetunion sowie weiter fortgeschrittene Entwicklungsländer und -gebiete.

2.2 Die Gruppe der am wenigsten entwickelten Länder (LDC)

Der Begriff der am wenigsten entwickelten Länder **(least developed countries, LDC)** wurde 1971 von den Vereinten Nationen eingeführt. Die LDC erhalten in der Zusammenarbeit mit den Vereinten Nationen wesentlich günstigere Bedingungen als die anderen Entwicklungsländer. Auch von anderen internationalen Organisationen und Industrieländern erhalten die LDC Vorzugsbedingungen wie z. B. zinslose Kredite oder finanzielle Hilfen, die nicht zurückbezahlt werden müssen.

Die Entscheidung über die Einstufung eines Landes als LDC trifft die Generalversammlung der Vereinten Nationen. Bis 1990 wurden als ausschlaggebende Indikatoren das Pro-Kopf-BSP, der Industrieanteil am Bruttoinlandsprodukt und die Alphabetisierungsrate herangezogen. Dieses System wurde 1991 durch vier neue umfassendere Kriterien abgelöst:

- Bruttoinlandsprodukt pro Kopf im Durchschnitt von drei Jahren unter 699 US-$,
- „Augmented Physical Quality of Life Index", berechnet aus Lebenserwartung, Kalorienversorgung pro Kopf, Einschulungsrate in Primar- und Sekundarschulen sowie Alphabetisierungsrate,
- „Economic Diversification Index", zusammengesetzt aus dem Anteil der Industrie am BIP, der Anteil der Beschäftigten in der Industrie, Stromverbrauch pro Kopf und der Exportorientierung der Wirtschaft,
- Einwohnerzahl maximal 75 Mio. Menschen.

Um in die Liste der LDC aufgenommen zu werden, darf ein Land bei allen vier Kriterien bestimmte Obergrenzen nicht überschreiten. Ausnahmen gelten für solche Staaten, die unter besonders schwierigen natürlichen Bedingungen wie z. B. häufigen Naturkatastrophen leiden. 1997 sind 48 Entwicklungsländer als LDC eingestuft, 34 afrikanische Staaten, 13 in Asien und Ozeanien und ein lateinamerikanisches Land.

Merkmale der LDC:

- sehr niedriges Pro-Kopf-Einkommen,
- hohe Defizite bei der Deckung der Grundbedürfnisse (Ernährung, Erziehung, Gesundheit, Wasser),
- unzureichende Infrastruktur,
- überwiegend Produktion für den eigenen Bedarf (Subsistenzwirtschaft),
- sehr niedrige Produktivität der Landwirtschaft,
- äußerst schwache Außenhandelsverflechtungen.

Die Gruppe der LDC

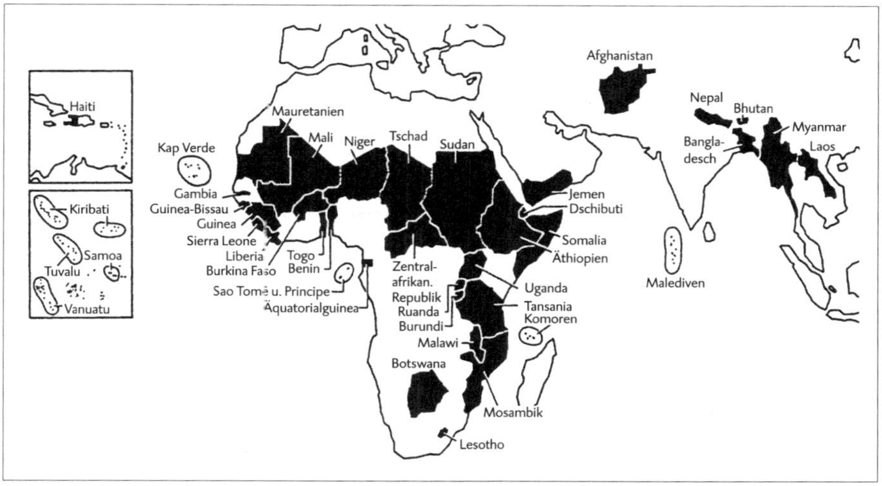

2.3 Schwellenländer

Entwicklungsländer mit einem fortgeschrittenen Entwicklungsstand werden als Schwellenländer bezeichnet. Ihre wirtschaftliche Eigendynamik kann es ermöglichen, dass die typischen Strukturmerkmale eines Entwicklungslandes überwunden werden. Problematisch in diesen Staaten ist allerdings häufig die soziale und politische Entwicklung, die mit der wirtschaftlichen nicht Schritt gehalten hat. Eine verbindliche Liste der ungefähr 20 Schwellenländer gibt es nicht.

2.4 Die OPEC (Organisation of Petroleum Exporting Countries)

Die 1960 gegründete OPEC ist ein Zusammenschluss wichtiger Ölausfuhrländer, die in Südamerika, Afrika oder Asien liegen. In den 13 Mitgliedsstaaten leben über 400 Millionen Menschen, das sind 10 % der Bevölkerung aller Entwicklungsländer.

3 Entwicklungsstrategien und Entwicklungstheorien

3.1 Wachstumsstrategie

Die Internationale Entwicklungspolitik beruhte bis in die 70er-Jahre auf Entwicklungsstrategien, die Industrialisierung, Technik und Großprojekte bevorzugten. Von der Integration in die Weltwirtschaft und den Außenhandel (Aid by Trade) sollten die entscheidenden Entwicklungsimpulse ausgehen. Im Sinne der **wachstumsorientierten Modernisierungstheorien** musste der von außen eingeleitete Entwicklungsschub (Big Push) in den Wachstumspolen der Entwicklungsländer (Hauptstadt, Küstenstädte, Freihandelszonen) einsetzen. Von hier aus sollte nach und nach die gesamte Wirtschaft mobilisiert und alle Bereiche erfasst werden (Sickereffekte). Die katastrophalen Folgen der Erdölverteuerungen für die Mehrzahl der Entwicklungsländer und deren explosionsartig steigende Auslandsverschuldung offenbarten aber den weitgehenden Misserfolg dieser Strategie. Angepasste Technologie soll Fehler, die vielfach auf der Gigantomanie von Prestigeobjekten beruhten, vermeiden helfen. Diese Entwicklungsstrategie wird jedoch kontrovers beurteilt, da in den Entwicklungsländern das Misstrauen wächst, so auf einem niedrigen technischen Niveau gehalten zu werden.

Entwicklung durch Modernisierung

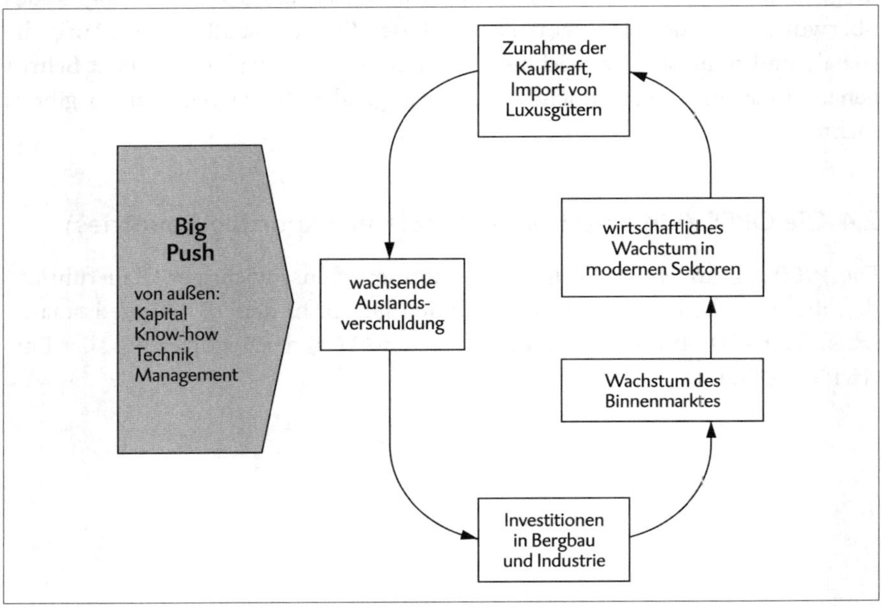

3.2 Grundbedürfnisstrategie

Die Beobachtung, dass bei hohem Wirtschaftswachstum die Disparitäten zunehmen und große Teile der Bevölkerung von der Entwicklung ausgeschlossen bleiben, hat zur Ausarbeitung der Grundbedürfnisstrategie geführt. Als Grundbedürfnisse gelten der **Mindestbedarf an Nahrungsmitteln, Unterkunft und Kleidung**. Sie beinhalten ferner Dienstleistungen wie die Bereitstellung von Trinkwasser, sanitären Einrichtungen, Gesundheits- und Bildungseinrichtungen sowie Verkehrsmitteln. Können diese Bedürfnisse mangels ausreichender Einkommen nicht gedeckt werden, liegt „absolute Armut“ vor. Nach Angaben der Weltbank sind fast eine Milliarde Menschen davon betroffen. Während viele Industrieländer die Deckung der Grundbedürfnisse gegenwärtig als vorrangiges Ziel ihrer Entwicklungshilfe sehen, zeigten die Entwicklungsländer zunächst Zurückhaltung, da sie vor allem wirtschaftlichen Fortschritt anstreben. Die Grundbedürfnisstrategie darf nicht mit Almosen oder Sozialhilfe verwechselt werden. Im Vordergrund steht die Hilfe zur Selbsthilfe. Wesentlich ist, dass die Maßnahmen den in Armut lebenden Massen unmittelbar zugute kommen und die Zielgruppen an der Vorbereitung und Durchführung der Projekte beteiligt werden.

3.3 Modernisierungstheorie

Zentrale Aussagen der Modernisierungstheorie:

- Die Ursachen der Unterentwicklung sind in den Entwicklungsländern selbst zu suchen.
- Die Entwicklungsprozesse, wie sie gegenwärtig in den Ländern der Dritten Welt ablaufen, sind Übergangserscheinungen zwischen vorindustrieller und industrieller Phase, die auch die Industrieländer in der Vergangenheit durchlaufen haben.
- Das Gesellschafts- und Wirtschaftssystem der westlichen Industrieländer ist das Vorbild für die noch unterentwickelten Länder. Die Industrialisierung ist die wirksamste Entwicklungsmaßnahme.

Regelhafter Ablauf der Modernisierung

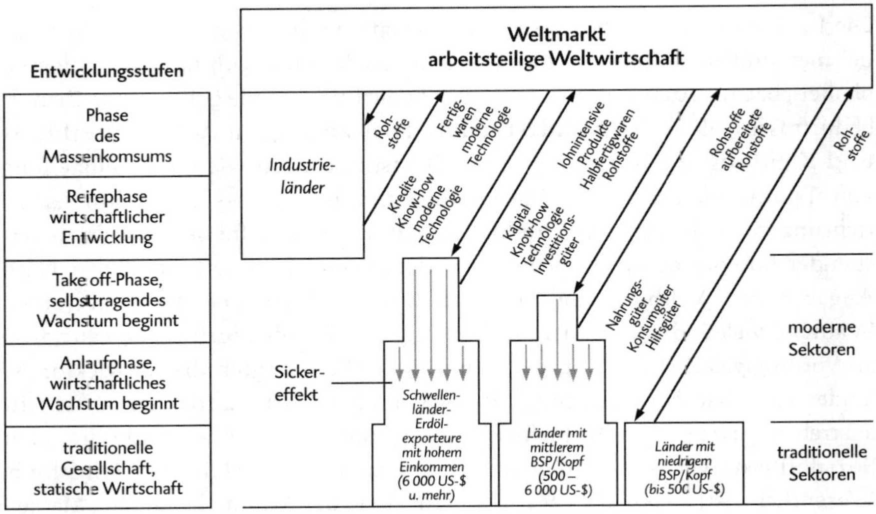

- Innerhalb eines schwach oder nicht entwickelten Raumes setzt die Industrialisierung an wenigen Standorten (Wachstumspole) ein. Ursache ist die Verarbeitung einheimischer Rohstoffe für den Export und die Errichtung von Fabriken mit Kapital aus den Industrieländern zur Ausnutzung niedriger Löhne.
- Der in wirtschaftliche Verflechtungen stark integrierte moderne Industriesektor lässt Zuliefer- und Weiterverarbeitungsindustrie entstehen (Rückwärts- und Vorwärtskopplung).
- Im Gegensatz zu den industriellen Aktivräumen verharren die peripheren Passivräume der Entwicklungsländer in traditioneller Subsistenz.
- Die zunehmenden Bindungen des Entwicklungslandes an die Industrieländer beseitigen durch Sickereffekte schrittweise die regionalen Disparitäten. Im abschließenden Zeitalter des Massenkonsums nehmen dann alle Regionen und Bevölkerungsschichten am wirtschaftlichen Fortschritt teil.

3.4 Dependenztheorie

Zentrale Aussagen der Dependenztheorie:

- Ursache der Unterentwicklung ist seit kolonialer Zeit die Einbindung in die Weltarbeitsteilung und somit eine Folge der Abhängigkeit (Dependenz) von den Industrieländern.
- Unterentwicklung ist keine Entwicklungsphase, die zu einem den Industrieländern entsprechenden Niveau führt. Hochentwicklung in den Industrieländern und Unterentwicklung in der Dritten Welt bedingen einander.
- Die von außen geleitete Entwicklung hat die Zerstörung traditioneller Wirtschafts- und Sozialstrukturen in den Entwicklungsländern verursacht.

Entwicklung der Unterentwicklung nach der Dependenztheorie

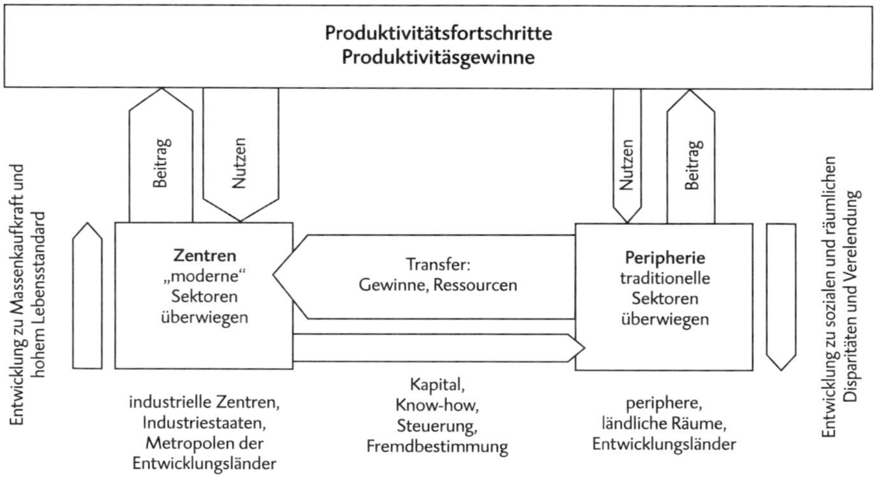

- Während der Kolonialzeit wurden die heutigen Entwicklungsländer als Rohstofflieferanten ausgebeutet.
- Die staatliche Unabhängigkeit hat die Weltarbeitsteilung nicht verändert. Die Bedeutung der neuen Staaten als zukünftige Abnehmer von Industrieprodukten wuchs.
- An die Stelle der politischen tritt die wirtschaftliche Abhängigkeit. Internationale Konzerne investieren verstärkt in den Entwicklungsländern für deren Binnenmarkt. Ausländisches Know-how, Kapital und Management gewinnen an Einfluss.

- In den Entwicklungsländern entstehen regionale Disparitäten zwischen der Peripherie und den von außen gesteuerten Brückenköpfen und Wachstumspolen. Ungleichgewichtigkeiten werden nicht abgebaut, sondern durch Konzentrationsbestrebungen staatlicher Institutionen der Entwicklungsländer und multinationaler Konzerne verstärkt.
- Die sozialen Disparitäten verschärfen sich. Nur ein kleiner Teil der Bevölkerung profitiert von der außengeleiteten Entwicklung. Der Lebensstandard der Mehrzahl der Menschen verbessert sich kaum. Im Gegenteil, die Zahl der in absoluter Armut lebenden Menschen nimmt sogar zu.

3.5 Die autozentrierte Entwicklung

Die Vertreter einer autozentrierten, eigenständigen Entwicklung sind der Ansicht, dass Entwicklungsländer durch vorübergehende Abkopplung vom Weltmarkt in ausgewählten Sektoren eine **unabhängige Entwicklung** anstreben müssen. Ihr Hauptziel ist es, wirtschaftliche Kapazitäten aufzubauen, um zunächst die Grundbedürfnisse der Bevölkerung zu befriedigen. Grundlegend ist hierfür die Entwicklung eines ausgewogenen Binnenmarktes für alle Bevölkerungsgruppen. Der notwendige Industriesektor muss aus traditionellem Gewerbe und Handwerk hervorgehen und betont arbeitsintensiv bleiben. Export und Import dienen jedoch nur der Ergänzung des Binnenmarktes. Zum Schutz der jungen Industrie sind Zoll- und Handelsschranken unerlässlich.

Entwicklung durch Abkopplung

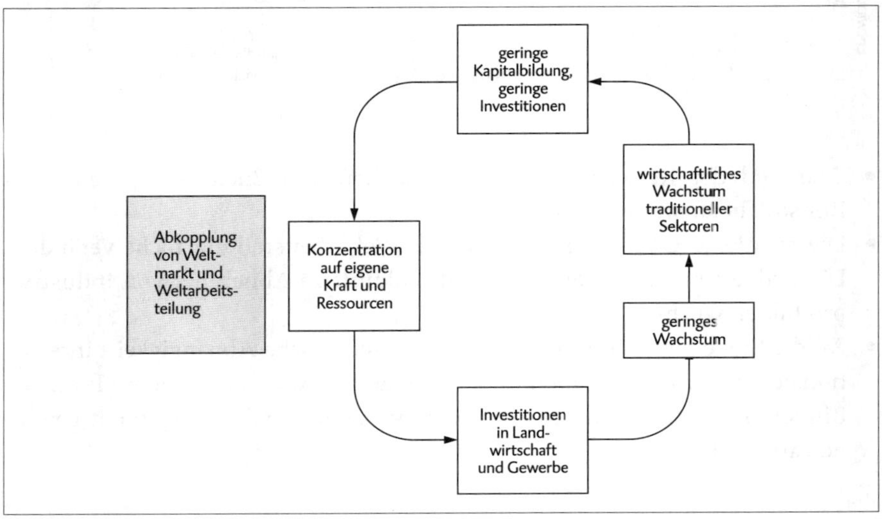

Entwicklungshilfe und entwicklungspolitische Zusammenarbeit

1 Grundlagen der Entwicklungszusammenarbeit

1.1 Die öffentliche Entwicklungshilfe und ihre Institutionen

Im politischen Sprachgebrauch verwendet man inzwischen den Begriff „Entwicklungszusammenarbeit“ statt „Entwicklungshilfe“. Damit soll deutlich gemacht werden, dass es sich bei der Förderung der Entwicklungsländer durch staatliche Stellen der Industrieländer nicht um unentgeltliche Unterstützung handelt. Entwicklungshilfe stellt keine Art internationaler Sozialhilfe oder Almosen für die Armen der Welt dar sondern eine vertraglich geregelte Zusammenarbeit zwischen zwei selbstständigen Staaten **(bilaterale Zusammenarbeit)** oder zwischen einer internationalen Organisation und einem Entwicklungsland oder einer Gruppe von Ländern **(multilaterale Zusammenarbeit)**.

Die bilaterale Zusammenarbeit umfasst alle direkten Leistungen zwischen den Regierungen zweier Staaten. Für die Planung und Vorbereitung einzelner Projekte ist in Deutschland das Bundesministerium für Entwicklung und Zusammenarbeit (BMZ) zuständig. Die praktische Durchführung der Projekte aber übernehmen Institutionen, die darauf spezialisiert sind. Diese **öffentliche Zusammenarbeit** besteht aus der Vergabe von Finanzmitteln und der Ausbildung und Beratung von Menschen und Organisationen der Entwicklungsländer.

Institutionen der Entwicklungzusammenarbeit in Deutschland (vereinfacht)

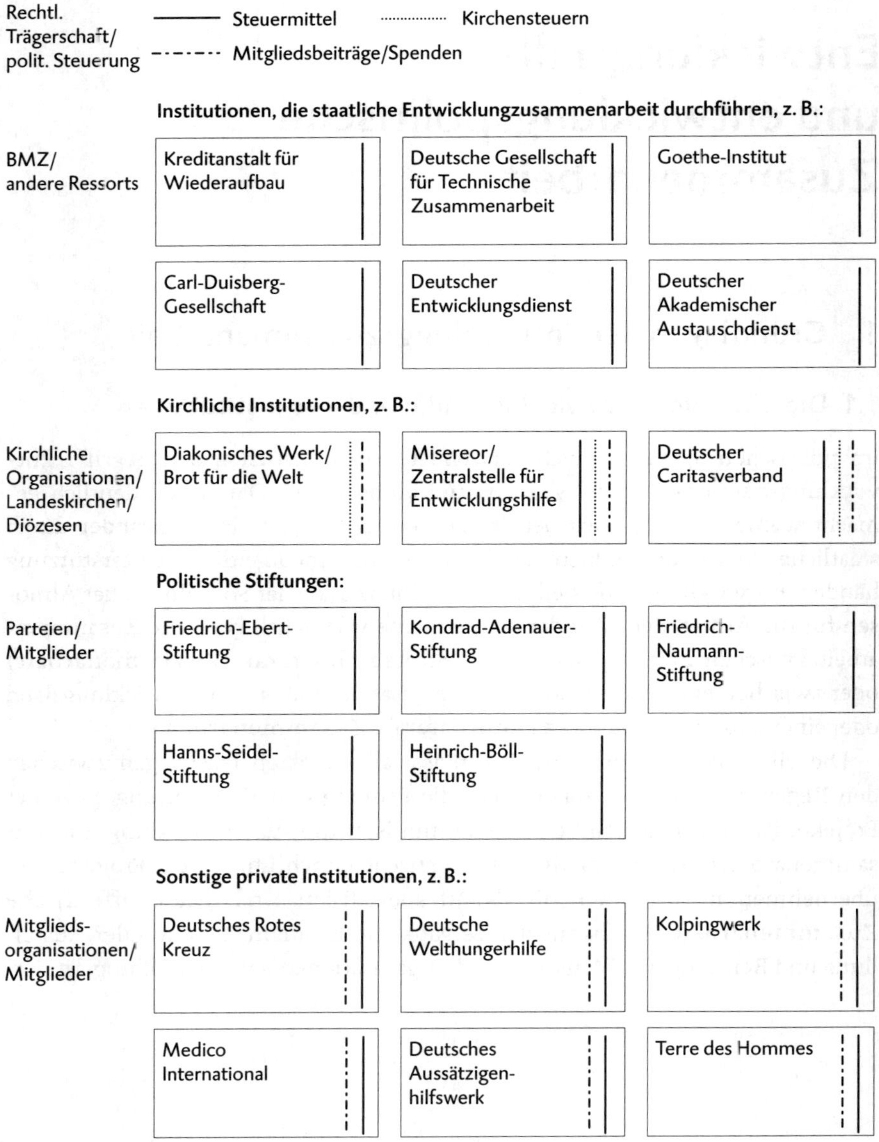

Die **Schwerpunkte der deutschen Entwicklungszusammenarbeit** sind die Bekämpfung der Armut durch strukturelle Reformen und Förderung der Hilfe zur Selbsthilfe, der Schutz der Umwelt als eine zentrale für alle Menschen verbindliche Zukunftsaufgabe, die Verbesserung der Bildung als Voraussetzung für eine Entwicklung aus eigener Kraft und die Förderung der Frauen zur Stärkung ihrer rechtlichen, wirtschaftlichen und sozialen Situation.

Kriterien für die Vergabe von öffentlichen Leistungen des BMZ sind die Einhaltung der Menschenrechte, die Beteiligung der Bevölkerung an politischen Entscheidungen, Rechtssicherheit und die Entwicklungsorientierung des Empfängerlandes.

1.2 Formen der öffentlichen Entwicklungszusammenarbeit

Die **finanzielle Zusammenarbeit** wird durch die bundeseigene „Kreditanstalt für Wiederaufbau“ (KfW) kontrolliert, deren Fachleute jedes Entwicklungsprojekt von Beginn an überprüfen, den Projektfortschritt überwachen und zum Schluss dessen Wirksamkeit kontrollieren. Zu welchen Bedingungen die Gelder vergeben werden, richtet sich nach der Wirtschaftskraft des Empfängerlandes:

- „Least developed countries“ erhalten bereits seit 1978 nur noch nichtrückzahlbare Zuschüsse, ihr Anteil am Gesamtaufwand der finanziellen Zusammenarbeit beträgt ca. 25 %,
- Länder, deren Pro-Kopf-Einkommen 1996 höchstens 1505 US-$ betrug, erhalten Kredite zu den Konditionen 0,75 % Zinsen und 40 Jahre Laufzeit, davon 10 Jahre tilgungsfrei,
- alle übrigen Entwicklungsländer erhalten Kredite zu 2 % Zinsen bei 30 Jahren Laufzeit und 10 tilgungsfreien Jahren.

Die **technische Zusammenarbeit** geschieht durch das Entsenden von Fachleuten aus Deutschland und die kostenlose Finanzierung und Lieferung von Ausrüstung und Material in das Entwicklungsland. Fachkräfte als Leiter oder Berater von Entwicklungsprojekten entsendet in Deutschland die „Deutsche Gesellschaft für Technische Zusammenarbeit“ (GTZ), die auch staatliche und nichtstaatliche Stellen in den Entwicklungsländern bei der Planung und Durchführung von Projekten berät, die technischen Planungen übernimmt und die notwendige Sachausrüstungen kostenlos zur Verfügung stellt. 1997 arbeiteten 1600 Mitarbeiter der GTZ in fast 900 Projekten. Entwicklungshelfer, die für zwei Jahre ohne Erwerbsabsicht ihren Dienst in den Entwicklungsländern verrichten, werden von sechs anerkannten nichtstaatlichen Organisationen entsandt, die wichtigste ist der „Deutsche Entwicklungsdienst“ (DED).

Exkus: GTZ spürt die knappen Mittel

Know-how wird hoch geschätzt
Entwicklungshilfe soll nicht nach dem Wasserhahnprinzip erfolgen

ESCHBORN (Eig. Ber./rob) – Das Umfeld für die Arbeit von Entwicklungshilfeorganisationen wird zunehmend schwieriger. Das gilt auch für die Gesellschaft für technische Zusammenarbeit (GTZ). Die knapperen Mittel aus den öffentlichen Kassen, aber auch die politischen Verhältnisse machen Gerold Dierke, einer von drei GTZ-Geschäftsführern, zu schaffen.

Das bundeseigene Unternehmen mit Sitz in Eschborn wickelt für das Bonner Entwicklungshilfeministerium (BMZ) Projekte in rund 140 Staaten ab. Wegen der Unruhen in Jakarta wurden praktisch alle Entwicklungshelfer aus Indonesien abgezogen. Regierungsverhandlungen mit Indien über Entwicklungsprojekte im Volumen von 300 Millionen DM hat Bonn wegen der indischen Atomversuche kurzfristig abgesagt. Solchen Ereignissen muss sich die GTZ beugen, auch wenn sich die Technische Zusammenarbeit nach Ansicht von GTZ-Aufsichtsrat Wighard Härdtl nicht dafür eignet, politischen Druck auszuüben: „Unsere Arbeit ist langfristig angelegt, wir handeln nicht nach dem Prinzip eines Wasserhahns nach dem Motto Auf und Zu."

Bei den Etatkürzungen ist die GTZ nach Ansicht Härdtls, im Hauptberuf Staatssekretär im BMZ, noch glimpflich davongekommen. 1997 sanken die Leistungen für die GTZ aus Bonn um fast elf Prozent auf 1,74 Milliarden DM. 1998 rechnet Dieke mit einem ähnlichen Rückgang.

Mit rund 37 Prozent flossen die meisten GTZ-Mittel 1997 nach Afrika. 24 Prozent gingen nach Asien, knapp 14 Prozent nach Lateinamerika. Dabei widmet sich die GTZ nicht nur klassischen Projekten zur Armutsbekämpfung, sondern auch der Förderung von Demokratie und Marktwirtschaft durch die Beratung beim Aufbau von Rechts- und Steuersystemen.

Dass 1997 für die GTZ trotz des schwierigen Umfeldes zu einem neuen Rekordjahr wurde – die Gesamtleistung stieg um gut drei Prozent auf 1,76 Milliarden DM –, liegt mit an den Erfolgen im sogenannten Drittgeschäft. Schon seit einigen Jahren arbeitet die GTZ nicht nur für die Bundesregierung, sondern bietet seine Leistungen auch extern gegen Bezahlung an. 1997 kam die GTZ so zu neuen Aufträgen in Höhe von 237 Millionen. DM, der Auftragsbestand kletterte um 5,9 Prozent auf 4,77 Milliarden DM.

Vor allem bei der UN ist das Know-how der deutschen Entwicklungshelfer geschätzt, aber auch bei der EU und in den Golfstaaten. Allen voran Saudi-Arabien, das der GTZ 1997 den Auftrag erteilte, in den nächsten fünf Jahren für 90 Mio. DM die Wasserversogung in der Sahelzone zu verbessern.

Quelle: Rolf Oberteis, Nürnberger Nachrichten vom 21.05.1998

Entwicklungsprobleme, die weltweite Ursachen und Auswirkungen haben, lassen sich am besten im Rahmen **multilateraler Zusammenarbeit** von weltweit tätigen, übernationalen Organisationen lösen. Hierzu gehören der Schutz der Umwelt und der Ressourcen, die Bevölkerungsentwicklung und der Welthandel.

Die Entwicklungspolitik der **Europäischen Union** hat fünf Schwerpunkte:

- Zusammenarbeit mit 70 Staaten in Afrika, der Karibik und im Pazifik (so genannte **AKP-Staaten**) die ehemals Kolonien von EU-Staaten waren,
- Zusammenarbeit mit den außereuropäischen Mittelmeerländern,
- Zusammenarbeit mit Entwicklungsländern und entsprechenden Organisationen in Asien und Lateinamerika,
- Nahrungsmittelhilfe,
- Katastrophenhilfe.

Grundlage der Zusammenarbeit mit den AKP-Staaten ist das Lome-IV-Abkommen, das freien Zugang nahezu sämtlicher AKP-Erzeugnisse zum EU-Markt gewährt, Projekte zur Entwicklung ländlicher Regionen in den AKP-Staaten finanziert und stabile Exporterlöse für agrarische Rohstoffe und einige Bergbauprodukte der AKP-Länder sichert.

Die **Weltbankgruppe** ist eine weitgehend selbstständig arbeitende Sonderorganisation der Vereinten Nationen. Ihre Aufgabe ist die Förderung der wirtschaftlichen und sozialen Entwicklung der weniger entwickelten Mitgliedsstaaten durch die Vergabe von langfristigen Krediten zu günstigen Konditionen.

Der **Internationale Währungsfonds (IWF)** ist ebenfalls eine Sonderorganisation der UNO, der seine Mittel durch Einzahlungen der Mitglieder je nach ihrer wirtschaftlichen Stärke erhält. Jeder Mitgliedsstaat kann zur vorübergehenden Deckung von Zahlungsbilanzdefiziten im Außenhandel Kredite des IWF in Anspruch nehmen. In der Regel müssen diese Länder jedoch umfassenden Reformen zur Lösung ihrer Haushaltsprobleme zustimmen, wie z. B. Einsparungen bei den Staatsausgaben für soziale Zwecke und Subventionen, die vielfach die armen Schichten der Bevölkerung am härtesten treffen.

Unter dem Dach der **Vereinten Nationen** sind weitere Organisationen tätig, deren Hauptaufgabe die Förderung der Entwicklung ihrer Mitgliedsländer ist. Hierzu gehören die

- UNCTAD – Welthandels- und Entwicklungskonferenz,
- UNDP – Entwicklungsprogramm zur Finanzierung technischer Zusammenarbeit,
- FAO – Ernährungs- und Landwirtschaftsprogramm,

- ILO – Internationale Arbeitsorganisation für die Berufsbildung,
- UNESCO – UN-Organisation für Erziehung, Wissenschaft und Kultur für den Bildungsbereich,
- Welternährungsprogramm,
- Bevölkerungsfonds zur Förderung der Familienplanung u. a.

2 Private Entwicklungszusammenarbeit

2.1 Entwicklungshilfe nichtstaatlicher Organisationen

In der deutschen Entwicklungspolitik spielen die nichtstaatlichen Organisationen eine wichtige Rolle, deren Stärke in ihrer Nähe zu den armen und unterprivilegierten Schichten sowie der Mobilisierung von Selbsthilfe und Eigeninitiative liegt. 10 % der Gesamtausgaben des BMZ erhalten jährlich private Organisationen.

Kirchliche Einrichtungen wie „Misereor“ (katholisch) und „Brot für die Welt“ (evangelisch) haben ihre Schwerpunkte in der unmittelbaren Linderung der Armut, in der schulischen Ausbildung und im Gesundheitswesen. Ihre Projekte werden weitgehend von einheimischem Personal durchgeführt.

Politische Stiftungen der im Bundestag vertretenen Parteien fördern in den Entwicklungsländern vor allem Bildungseinrichtungen wichtiger Gesellschaftsgruppen, die den jeweiligen Parteien politische nahestehen.

Daneben gibt es rund 100 **private Organisationen**, die es sich zur Aufgabe gemacht haben, einen Beitrag zur Lösung der Entwicklungsprobleme, vor allem Hilfe zur Selbsthilfe bei der Bekämpfung der Armut zu leisten. Das BMZ kann Zuschüsse für Entwicklungsprojekte leisten, wenn bestimmte Voraussetzungen erfüllt sind.

2.2 Private Leistungen zu marktüblichen Bedingungen

Die Direktinvestitionen deutscher Unternehmen und Kredite deutscher Banken sind ein wesentlicher Bestandteil der finanziellen Leistungen Deutschlands an die Entwicklungsländer. Allerdings ist deren Höhe starken Schwankungen unterworfen, die von den Bedingungen des internationalen Kapitalverkehrs wie z. B. Höhe der Zinsen, Wechselkursschwankungen und den internationalen Aktienkursen und Rohstoffpreisen abhängig sind. In den vergangenen Jahren kamen aber wiederholt zahlreiche Länder in Zahlungsschwierigkeiten gegenüber internationalen Gläubigerbanken, sodass Umschuldungsverhandlungen notwendig waren.

3 Überblick über die Leistungen Deutschlands

Deutschland hat seit 1950 etwa 200 Milliarden DM öffentlicher Entwicklungshilfe geleistet. Gemessen an der wirtschaftlichen Leistungsfähigkeit, also am BSP, und an der von allen Bundesregierungen seit 1976 wiederholten Selbstverpflichtung, 0,7 % des BSP für die Entwicklungshilfe bereitzustellen, erscheinen diese Leistungen weitaus bescheidener. 1994 gab Deutschland mit 11 Mrd. DM gerade 0,33 % seines BSP für die Entwicklungshilfe aus und liegt damit auf Rang 9 der Geberländer.

Staatliche Entwicklungshilfe der wichtigsten Geberländer 1997
(in % der jeweiligen Wirtschaftsleistung)[1]

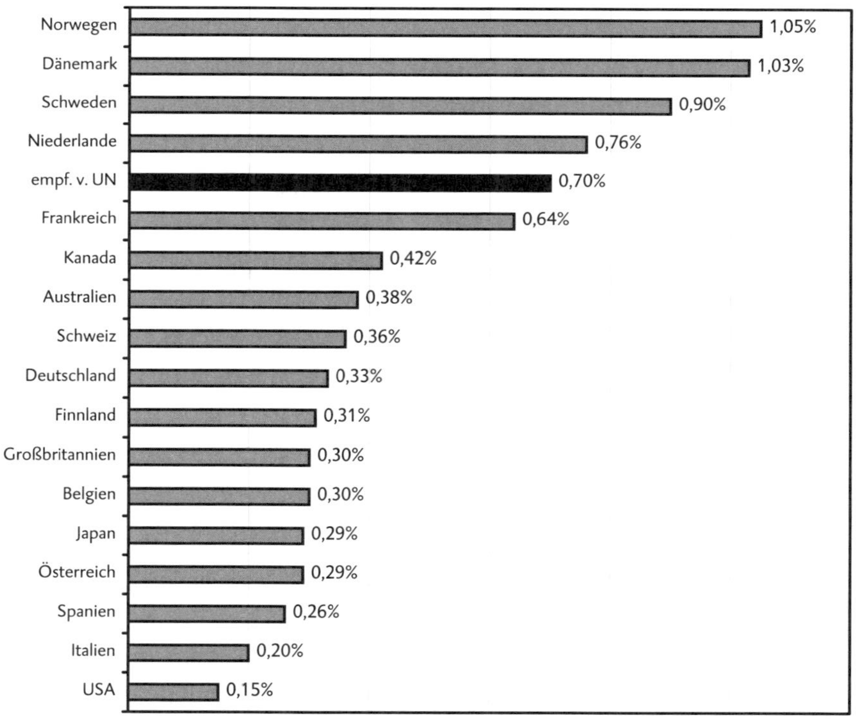

1 Quelle: OECD

Die Gesamtleistungen betrugen 1994 38,8 Mrd. DM, von denen mit 20,5 Mrd. DM mehr als die Hälfte aus „Leistungen" der Wirtschaft zu marktüblichen Bedingungen bestanden. In den 90er-Jahren ist der Anteil des BMZ am Bundeshalt (1995 1,7%) sogar deutlich zurückgegangen.

Leistungen an die Dritte Welt – Nettoauszahlungen der BRD 1970–1994 (in Mrd. DM)[2]

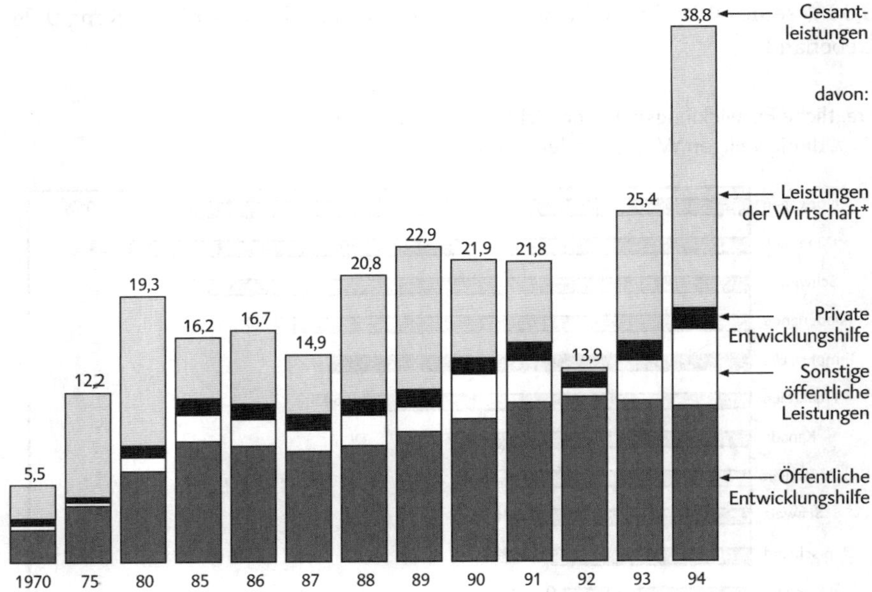

* Direktinvestitionen, reinvestierte Gewinne, Bankkredite usw.

Obwohl Entwicklungshilfe als Hilfe zur Selbsthilfe bei der Bekämpfung der Armut in den Entwicklungsländern eingesetzt werden soll, folgt die Vergabe der Mittel häufig auch anderen Interessen. Die regionale Verteilung der deutschen Auszahlungen zwischen 1987 und 1995 zeigt einen annähernd konstant hohen Anteil für die Länder in Afrika südlich der Sahara, Steigerungen für die asiatischen Staaten und einen Rückgang für die Länder im Mittelmeerraum und im Nahen Osten. Eine Länderanalyse zeigt aber, dass seit 1950 Indien, Israel, Ägypten, die Türkei und Indonesien die wichtigsten Empfänger waren mit einem Viertel der Gesamtausgaben des BMZ. Neben der Bedürftigkeit gelten auch „politisch befreundete" Regierungen oder eine einflussreiche politische

2 Quelle: BMZ

oder strategische Lage als wichtiges Vergabekriterium. Seit dem Zusammenbruch des Ostblocks unterstützt Deutschland auch die neuen Transformationsländer in Mittelost- und Südosteuropa und die Nachfolgestaaten der Sowjetunion einschließlich Rußland. Deren wirtschaftliche und politische Stabilisierung ist wegen der geografischen Nähe ein vorrangiges Ziel der deutschen Außenpolitik. Problematisch ist allerdings, dass die Hilfe für den Osten zu Lasten der „traditionellen" Entwicklungsländer geht.

Glossar

Aerosol: mit winzigen festen Bestandteilen, wie mikroskopische Salzkristalle, Staub und Rauch angereicherte Luft.

arid: Bezeichnung für ein Klima, dessen mittlere jährliche Gesamtverdunstung die mittlere jährliche Niederschlagsmenge übersteigt.

autochton: einheimisch, d. h. am Ort des Vorkommens entstanden.

BIP: Bruttoinlandsprodukt, Summe aller innerhalb eines Landes erbrachten Leistungen (Produktion und Dienstleistungen) in einem Jahr.

BSP: Bruttosozialprodukt, Summe aller innerhalb und außerhalb eines Landes erbrachten Leistungen in der Volkswirtschaft eines Landes.

Cash-crops: Bezeichnung für Agrarprodukte, die auf dem (Welt-)Markt abgesetzt werden (im Gegensatz zu Produkten der Eigenversorgung).

C-Horizont: im Bodenprofil das Ausgangsgestein der Bodenbildung.

Corioliskraft: aus der Erdrotation resultierende Scheinkraft; lenkt die auf der N-Halbkugel auftretenden Bewegungen (z. B. Luftzirkulation, Meeresströmungen) nach rechts, auf der S-Halbkugel nach links ab.

Desertifikation: Entstehung bzw. Ausbreitung wüstenähnlicher Bedingungen; Verschlechterung der Bodenqualität.

Destruenten: Endglieder in der Nahrungskette, z. B. Bakterien und Pilze.

Favela: brasilianische Bezeichnung für Elendsviertel am Rande größerer Städte.

Globalisierung: Sammelbegriff für alle Prozesse im Zusammenhang mit wachsenden weltweiten Verflechtungen zwischen Staaten, Gesellschaften und Volkswirtschaften, die vor allem durch Veränderungen in der Kommunikationstechnologie und im Transportwesen bedingt sind.

Globalstrahlung: Strahlungssumme aus der direkten und der indirekten (diffusen) Sonnenstrahlung welche eine horizontale Flächeneinheit erhält.

Grüne Revolution: Maßnahmen zur Steigerung landwirtschaftlicher Produktion in Entwicklungsländern durch Züchtung, Einsatz von Hochertragssorten, Pestiziden, mineralischem Dünger und künstliche Bewässerung.

humid: Bezeichnung für ein Klima, in dem die gesamten Niederschläge eines Jahres höher sind als die maximale Verdunstung.

hygrisch: in Bezug auf Feuchte und Niederschläge.

Hypsometrie: Höhenmessung

Informeller Sektor: wichtiger, statistisch nicht erfasster Teilbereich der Wirtschaft vieler Entwicklungsländer, vor allem im Dienstleistungs- und Handelsbereich, der durch arbeitsintensive Produktion und sozial nicht abgesicherte, schlecht bezahlte und gering qualifizierte Arbeit gekennzeichnet ist.

Internationaler Währungsfond: IWF, 1944 gegründete Sonderorganisation der Vereinten Nationen.

Isohyete: Linie gleicher Niederschlagsmengen für eine bestimmte Zeitspanne.

Isohypse: Höhenlinie, Linie, die Punkte gleicher Höhenlage miteinander verbindet.

Isolinie: in kartografischen Darstellungen Linie gleicher Werte, die zur Wiedergabe von Eigenschaften räumlicher Kontinua dient.

ITC: Innertropische Konvergenz, 100–200 km breite Zone in Äquatornähe, in der die Passate der Nord- und Südhalbkugel zusammentreffen. Die ITC wandert mit dem Zenitstand der Sonne nach N bzw. nach S, jedoch nur um 8–10 Breitenkreise.

Kationenaustausch: Die Fähigkeit eines Bodens, Kationen an elektrisch negativen Ladungsplätzen von Tonmineralen und Humuskolloiden austauschbar zu binden.

Kolloid: Stoff, der sich in feinster, mikroskopischer nicht mehr erkennbarer Verteilung in einer Flüssigkeit oder einem Gas befindet.

Konvektion: vertikales Aufsteigen von Luftmassen, die zuvor durch Einstrahlung erwärmt wurden.

LDC: least developed countries, Teilgruppe der am wenigsten entwickelten Länder.

Marginalisierung: Prozess, der den Ausschluss bestimmter Bevölkerungsgruppen vom wirtschaftlichen und gesellschaftlichen Leben beschreibt; die Betroffenen leben am Rande des Existenzminimums.

Metropolisierung: Entwicklung einer Millionenstadt, die die anderen Städte eines Landes an Größe, Bedeutung und Wachstum weit überragt.

Monsun: in den Tropen auftretende Winde, die beständig wehen, aber halbjährlich ihre Richtung wechseln. Sommerm. = Südwestm.; Winterm. = Nordostm./Nordostpassat.

Nachhaltige Entwicklung (sustainable development): Das globale Konzept fordert sozial- und umweltverträgliche Produktions- und Konsummuster. Wirtschafts- und Entwicklungspolitik sollen so ausgerichtet sein, dass die Befriedigung der Bedürfnisse der heutigen Generationen die Chancen der zukünftigen Generationen nicht beeinträchtigt.

NIC: newly industrializing countries → Schwellenländer.

OECD: Organization for Economic Cooperation and Development, Organisation für wirtschaftliche Zusammenarbeit und Entwicklung.

Passat: Durch das Luftdruckgefälle vom subtropischen Hochdruckgürtel zum Äquator in Gang gesetzte, bodennahe Luftströmung; unter Einfluss der Corioliskraft resultieren auf der N-Halbkugel NO-, auf der S-Halbkugel SO-Winde.

Phytomasse: Die Menge lebender pflanzlicher und organischer Substanz in einer Raum- bzw. Flächeneinheit.

Primate City: Primärstadt, Großstadt, oft die Hauptstadt, die alle anderen Städte eines Landes an Einwohnerzahl und Wirtschaftskraft übertrifft.

Pull-Faktoren: Anreize (Arbeitsplätze, Infrastruktur, Ausbildungsmöglichkeiten) eines Zielgebiets, die Teile der Bevölkerung zur Binnenwanderung veranlassen.

Push-Faktoren: Ungünstige Lebensbedingungen (Arbeitsplatzmangel, soziale Missstände, fehlende Ausbildungsmöglichkeiten) eines Raumes, die Teile der Bevölkerung zur Abwanderung veranlassen.

Schwellenländer: Teilgruppe der Entwicklungsländer, die vermeintlich an der Schwelle zum Industrieland steht. Indikatoren sind z. B. BSP/Kopf, Anteile an Industrieproduktion und Fertigwarenexporten. Zu den Schwellenländern zählen u. a. die → vier „kleinen Tiger“ und Brasilien.

Sorptionskapazität: Fähigkeit von Tonmineralen und Huminstoffen, an freien äußeren Ladungsplätzen Ionen zu fixieren.

Spread-Effekt: Annahme, dass bei der Ballung wirtschaftlicher Aktivitäten das Wachstum Eigendynamik entwickelt, die Gründung weiterer Betriebe hervorruft und sich in benachbarte Regionen ausbreitet.

Squattersiedlung: Hüttensiedlung, die spontan und ohne Erlaubnis der Behörden oder des Besitzers auf fremdem Boden errichtet wird.

Strahlungsbilanz: Die ausgeglichene Gesamtstrahlungsenergie der Erde oder eines Teilbereiches, die sich aus Einstrahlung, Ausstrahlung, Reflexion, Absorption, Gegenstrahlung, Energieumsetzung und Wärmetransport zusammensetzt.

Suburbanisierung: Abwanderung von Bevölkerung, Gewerbe und Handel aus den Kernstädten und Zuwanderung aus anderen Regionen in die Vororte (engl. suburb).

Trickle-down-Effekt: Sickereffekt, Annahme, dass eine steigende Produktivität der Arbeit ohne weiteres Zutun zu einem höheren Lebensstandard führt.

Tropopause: Obergrenze der Troposphäre (ca. 12 km Höhe), oberhalb derer die Temperatur wiederum zunimmt und die Luft nur noch Spuren von Feuchtigkeit enthält.

Urbanisierung: Prozess der Ausbreitung städtischer Verhaltensweisen und Lebensformen der Bevölkerung.

Vier „kleine Tiger": Die süd-ostasiatischen Wirtschaftswunderländer Hongkong, Singapur, Südkorea und Taiwan.

Weltbank: Internationale Bank für Wiederaufbau und Entwicklung, 1944 gegründete Sonderorganisation der Vereinten Nationen mit dem Ziel der Förderung der wirtschaftlichen Entwicklung ihrer Mitgliedsstaaten und des Lebensstandards der Völker.

Zenitalregen: Oberbegriff für die heftigen tropischen Regen, die nach dem jährlichen oder halbjährlichen Sonnenhöchststand einsetzen oder ihr Maximum erreichen.

Literaturverzeichnis

Naturräumliches Potenzial der Tropen und Subtropen

BMELF (Hrsg.): Tropenwaldbericht der Bundesregierung. 5. Bericht, Bonn 1997
ENGELHARD, K.: Entwicklungspolitik im Unterricht. Köln [4]1996, S. 65–68
ENGELMANN, D/LATZ, W.: Landschaftsgürtel – Ökologie und Nutzung. Braunschweig 1994
LAUER, W.: Klimatologie. Braunschweig 1993
LINDEMEIER, A.: Existenzsicherung und dauerhafte Entwicklung in SO-Asien: Erhaltung oder Vernichtung der Tropischen Regenwälder? In: Praxis Geographie 11/94, S. 46 ff
MÜLLER-HOHENSTEIN, K.: Die Landschaftsgürtel der Erde. Stuttgart 1979
OPITZ, P. J. (Hrsg.): Weltprobleme. Bayerische Landeszentrale f. Politische Bildungsarbeit, München [4]1995, S. 185–211
REPETTO, R.: Die Entwaldung der Tropen: Ein ökonomischer Fehlschlag. Spektrum der Wissenschaften, 1990, S. 122–129
RICE, R. et al.: Tropische Wälder: Grenzen nachhaltiger Forstwirtschaft. In: Anthropogeographie, Spektrum Verlag 1997, S. 112–118
SCHRÖDER, J.-M.: Waldprodukte und ihr Potential zur Erhaltung tropischer Feuchtwälder. In: GR 49, H. 1, 1997, S. 39–43
SCHULTZ, J.: Die Ökozonen der Erde. UTB [2]1995
ZECH, W.: Tropen – Lebensraum der Zukunft? In: GR 49, H. 1, 1997, S. 11–17

Agrarische Landnutzung in tropischen und subtropischen Entwicklungsländern

BENCHERIFA, A.: Die Oasenwirtschaft der Maghrebländer: Tradition und Wandel. In: GR[1] 42, H. 2, 1990, S. 82–87
BISSON, J.: Technologie und Landwirtschaft in den Oasen der Sahara. In: GR 49, H. 2, 1997, S. 74–81
BRAUNS, T./SCHOLZ, U.: Shifting Cultivation – Krebsschaden aller Tropenländer? In: GR 49, H. 1, 1997, S. 4–10

1 GR = Geographische Rundschau

BOHLE, H.-G.: 20 Jahre „Grüne Revolution" in Indien. In: GR 41, H. 2, 1989, S. 91–98
BOHLE, H.-G.: Grenzen der Grünen Revolution in Indien. In: GR 51, H. 3, 1999, S. 111–117
DÜNCKMANN, F.: Die Landfrage in Brasilien. In: GR 50, H. 11, 1998, S. 649–654
GEIST, H., Tropenwaldzerstörung durch Tabak. In: GR 50, H. 5, 1998, S. 283–290
IBRAHIM, F.: Hunger im Sahel. In: Geographie heute, H. 72, 1989, S. 12–15
IBRAHIM, F.: 35 Jahre Kontroverse: Sadd El Ali – der Hochstaudamm von Assuan Teil II. In: Praxis Geographie, H. 10, 1990, S. 54–56
IBRAHIM, F.: Hunger am Nil. In: GR 44, H. 2, 1992, S. 94–97
KRINGS, T.: Standortgerechte Landwirtschaft in Afrika. In: GR 40, H. 6, 1988, S. 47–54
KRINGS, T.: Probleme der Nachhaltigkeit in der Desertifikationsbekämpfung. In: GR 49, H. 10, 1994, S. 546–552
MANSHARD, W.: Bevölkerung, Landnutzung und Umweltwandel in den Tropen. In: GR 50, H. 5, 1998, S. 278–282
MENSCHING, H.: Die globale Desertifikation als Umweltproblem. In: GR 45, H. 6, 1993, S. 360–365
POPP, H.: Oasen – ein altes Thema in neuer Sicht. In: GR 49, H. 2, 1997, S. 66–73
RATUSNY, A.: Oasen zwischen Peru und Patagonien. In: GR 49, H. 2, 1997, S. 109–115
REHM, S.: Tropische Kulturpflanzen – gestern, heute und morgen. In: GR 41 H. 7/8, 1989, S. 398–405
SCHOLZ, F./MÜLLER-MAHN, D.: Arm und reich in der islamischen Welt. In: Praxis Geographie, H. 7/8, 1997, S. 13–17
STACHE, N./DRECHSEL, P.: Ökologischer Landbau in der ländlichen Entwicklung Ruandas. In: GR 49, H. 1, 1997, S. 32–38
STORZ, S.: Ecofarming in Ruanda. In: Geographie und Schule, H. 60, 1989, S. 8–13
WIESE, B.: Plantagen und Bauernwirtschaften in den Tropen: Vom Konflikt zur Kooperation? In: GR 41, H. 7/8, 1989, S. 406–412

Bevölkerungsstrukturen und Bevölkerungsentwicklung

LEISINGER, K. M.: Hoffnung als Prinzip: Bevölkerungswachstum. Basel 1993
NUSCHELER, F.: Lern- und Arbeitsbuch Entwicklungspolitik. Bonn [4]1995, Berichte über die menschliche Entwicklung 1995–1998, veröffentlicht für UNDP v. Dt. Ges. f. d. Vereinten Nationen, BonnWeltbevölkerungsberichte

1995–1998, veröffentlicht für UNDP v. Dt. Ges. f. d. Vereinten Nationen, Bonn
OPITZ, P. J. (Hrsg.): Weltprobleme. Bayerische Landeszentrale f. politische Bildungsarbeit, München [4]1995, S. 35–68

Verstädterung, Urbanisierung und Metropolisierung

AKTUELLE CORNELSEN LANDKARTE: Die Urbanisierung der Welt. 10/1992; Die lateinamerikanische Stadt. H. 10/1998; Die orientalische Stadt 10/1997
BORSDORF, A.: Die Stadt in Lateinamerika. Geographie und Schule, H. 89, 1994, S. 3–12
BÜNSTORF, J.: Lateinamerikanische Städte im Globalisierungsprozess als Aufgabe für den Geographieunterricht. Regensburger Beiträge zur Didaktik der Geographie, Band 5, 1998, S. 29–38
EHLERS, E.: Die Stadt des Islamischen Orients. In: GR, H. 1 1993, S. 32–39.
GAEBE, W.: Urbanisierung in Afrika. In: GR, H. 10 1994, S. 570–576
HENKEL, R.: Geographische Stadtforschung im Zeitalter der Globalisierung. Regensburger Beiträge zur Didaktik der Geographie, Band 5, 1998, S. 11–19
MAIER, J./HUBER, A.: Lagos – Stadtentwicklung einer afrikanischen Metropole zwischen Dynamik und Chaos. Problemräume der Welt, Band 12, 1989
MEYER, G.: Kairo – Entwicklungsprobleme einer Metropole der Dritten Welt. Problemräume der Welt, Band 11, 1989
MEYER, G.: Kairo – Wohnungskrise trotz Wohnungsüberfluss. In: GR H. 2, 1996, S. 97–103
SEGER, M.: Nairobi – Struktur und Funktion einer postkolonialen Primate City. In: GR, H. 9 1992, S. 528–535

Industrialisierung in Entwicklungsländern

BRONGER, D.: Indien: Ländliche Entwicklung durch Industrialsierung? In: GR, H. 11, 1993 S. 632–644
BETZ, J. u.a.: Indien. Bundeszentrale für politische Bildung, H. 257, 1997
BÜTTNER, W.: Entwicklungstheorien im Vergleich. In: Geographie heute, H. 51, 1987, S. 31–39
DEGE, E.: Die Industrialisierung in Südkorea. In: GR, H. 10, 1986, S. 522–531
ENGELHARD, K.: Südkoreas Aufstieg vom Entwicklungs- zum Industrieland. In: GR, H. 12, 1996, S. 696–701
HILPERT, H.G.: Yen-Block in Asien? In: GR, H. 11, 1994, S. 616–621

KOHLHEPP, G.: Amazonien. Problemräume der Welt, Band 8, 1986
SAGAWE, T.: Freihandelszonen in der Karibik. In: GR, H. 11, 1997, S. 632–637
SCHRADER, M.: Die „Vier Kleinen Tiger". In: Geographie heute, H. 133, 1995, S. 4–9

Der Tourismus als Beispiel für die Entwicklung im tertiären Sektor

GORMSEN, E.: Kunsthandwerk in der Dritten Welt unter dem Einfluss des Tourismus. In: GR, 1/1990, S. 42–47
MÜLLER, B.: Naturschutz durch Tourismus? Probleme und Perspektiven des Ökotourismus in Entwicklungsländern. In: Meyer, G./Thimm, A. (Hrsg.): Tourismus in der Dritten Welt. Mainz 1996, S. 47–72
SPEHS, P.: Neue staatlich geplante Badeorte in Mexiko. In: GR, H. 1, 1990, S. 34–41
VORLAUFER, K.: Dritte-Welt-Tourismus – Vehikel der Entwicklung oder Weg in die Unterentwicklung? Anmerkungen zu einer kontroversen Diskussion. In: GR, H. 1, 1990, S. 4–13
VORLAUFER, K.: Tourismus in Entwicklungsländern. Möglichkeiten und Grenzen einer nachhaltigen Entwicklung durch Fremdenverkehr. Darmstadt 1996
VORLAUFER, K.: Tourismus und informeller Sektor. In: GR, H. 12, 1999, S. 681–688

Weltwirtschaftliche Verflechtungen und Globalisierung

BOXBERGER, G./KLIMENTA, H.: Die 10 Globalisierungslügen. Alternativen zur Allmacht des Marktes. München 1998
FLATH, M./FUCHS, G.: „Globalisierung". Beispiele und Perspektiven für den Geographieunterricht. Gotha, Klett-Perthes 1998
BETZ, J./BRÜNE, S. (Hrsg.): Jahrbuch Dritte Welt, München 1995
MIKUS, W.: Wirtschaftsgeographie der Entwicklungsländer. Stuttgart 1994
MÜLLER, M./HENNICKE, P.: Wohlstand durch Vermeiden. Wissenschaftliche Buchgesellschaft, Darmstadt 1994
NUSCHELER, F.: Lern- und Arbeitsbuch Entwicklungspolitik. Bonn [4]1995
OPITZ, P. J. (Hrsg.): Weltprobleme. Bayerische Landeszentrale f. politische Bildungsarbeit, München [4]1995, S. 245–304.
RITTER, W.: Welthandel. Wissenschaftliche Buchgesellschaft, Darmstadt 1994

Problembereiche und Lösungsansätze in den Entwicklungsländern

ANDERSEN, U.: Entwicklungsländer. Informationen zur politischen Bildung, H. 252, 1996

BRATZEL, P: Regionalisierung der Erde nach dem Entwicklungsstand. In: GR, H. 4, 1979, S. 131 ff.

BÜTTNER, W.: Entwicklungsräume in den Tropen. Mensch und Raum – Geographie, Berlin 1991, S. 116–117.

DRITTE WELT HAUS BIELEFELD: Atlas der Weltverwicklungen. Bielefeld 1992.

Entwicklungshilfe und entwicklungspolitische Zusammenarbeit

BUNDESZENTRALE FÜR POLITISCHE BILDUNG: Entwicklungsländer. Informationen zur politischen Bildung, H. 252, 1996

ENGELHARD, K.: Entwicklungspolitik im Unterricht. Lehrerband zur Schülerbroschüre „Welt im Wandel", Köln [4]1996

GRUPP, C. D.: Welt im Wandel. Armut im Süden – Verschwendung im Norden. Köln [5]1996

Bildquellennachweis

Umschlagbild: Harald Singer

S. 3: W. Weischet: Einführung in die Allgemeine Klimatologie. 6. überarb. Aufl. 1995. © 1979 B.G. Teubner Stuttgart, S. 67, verändert

S. 11: W. Lauer: Klimatologie, Braunschweig: Westermann 1993, S. 132

S. 13: Eigene Zusammenstellung nach J. Schultz: Die Ökozonen der Erde. Verlag Eugen Ulmer, UTB, ^{2}1995

S. 15: J. Schultz: Die Ökozonen der Erde. Verlag Eugen Ulmer, UTB, ^{2}1995, S. 31

S. 19: Nach J. Schultz: Die Ökozonen der Erde. Verlag Eugen Ulmer, UTB, ^{2}1995

S. 20: Wilfried Büttner

S. 28: Sigmund Rehm, Institut für Pflanzenbau und Tierhygiene in den Tropen und Subtropen der Universität Göttingen

S. 30: U. Kümmerle, N. v. d. Ruhren: Fundamente Kursthemen Dritte Welt. Entwicklungsräume in den Tropen, Stuttgart, 1990, S. 41, 42

S. 32: O. Werle: Strategien gegen den Hunger – landwirtschaftliche Entwicklungsprojekte in Ruanda. In: Frankfurter Beiträge zur Didaktik der Geographie. Bd. 9, 1986, S. 128

S. 33: S. Storz: Ecofarming in Ruanda. In: Geographie und Schule, 11. Jg., H. 60, August 1989, S. 13

S. 35: Ulrich Scholz, T. Brauns, Geographisches Institut der Universität Gießen

S. 40: Walter Manshard, Institut für Kulturgeographie der Universität Freiburg

S. 41: Daten aus INCRA 1996; Statistisches Jahrbuch der Bundesrepublik Deutschland 1996

S. 45: oben: H.-U. Bender u. a.: Räume und Strukturen. Raumbeispiele – Raumwirksamkeiten. Ein geographisches Lehr- und Arbeitsbuch für die Stufe 11–13, Stuttgart, 1986, S. 47
unten: B. Janke: Naturpotential und Landnutzung im Nigertal bei Niamey/Rep. Niger. In: Jahrbuch der Geographischen Gesellschaft zu Hannover für 1972, S. 27

S. 47: Wilfried Büttner

S. 51, 59, 60: Fouad Ibrahim, Institut für Geowissenschaften der Universität Bayreuth

S. 52: T. Krings, Institut für Kulturgeographie der Universität Freiburg

S. 54: Wilfried Büttner

S. 55: Nach J. Bisson

S. 60: Ohne Verfasser. In: Geographische Rundschau 36 (1984), H. 5, S. 219, ergänzt

S. 63: Nach H.-U. Bender, U. Kümmerle, N. v. d. Ruhren, M. Thierer, W. Wallert: Fundamente Landschaftszonen, Stuttgart, 1986, S. 70, verändert

S. 66: Fred Scholz, Institut für Geographische Wissenschaften der Freien Universität Berlin

S. 76: K. M. Leisinger: Hoffnung als Prinzip: Bevölkerungswachstum: Einblicke und Ausblicke. Birkhäuser, Basel 1992, Schaubild 10, S. 219

S. 82: Nach Deutsche Welthungerhilfe

S. 84: Franz Nuscheler: Lern- und Arbeitsbuch Entwicklungspolitik, Bonn: J.H.W. Dietz Nachf. GmbH, 4. Auflage, 1995, S. 215, verändert

S. 90: Vereinte Nationen 1991

S. 92: Nach Globus Infografik

S. 93: Martin Seger, Institut für Geographie und Regionalforschung der Universität Klagenfurt

S. 99: Hans-Dieter Raab

S. 101: Alex Borsdorf, Institut für Geographie der Universität Innsbruck

S. 102: Günter Mertins, Fachbereich Geographie der Universität Marburg
S. 104: Wilfried Büttner
S. 107, 108: Günter Meyer, Geographisches Institut der Universität Mainz
S. 120: Hanns Günther Hilpert, Deutsches Institut für Japanstudien
S. 122: Müller, Klett Länderprofile Brasilien, 1984, S. 24
S. 125: G. Kohlhep: Amazonien – Problemräume der Welt H. 8. Aulis Verlag Deubner & CO KG Köln, 1986
S. 127: Nach Informationen zur politischen Bildung Nr. 257/1997
S. 130: Nach geographie heute, H. 155
S. 138, 145: K. Vorlaufer: Tourismus in Entwicklungsländern. Möglichkeiten und Grenzen einer nachhaltigen Entwicklung durch Fremdenverkehr. Darmstadt, Wissenschaftliche Buchgesellschaft 1996, S. 9
S. 155: Herwig Birg: Die Weltbevölkerung. München, Beck Wissen in der Beck'schen Reihe Nr. 2050. C. H. Beck'sche Verlagsbuchhandlung, München – ISBN 3406410502
S. 160, 161: Wigand Ritter, Lehrstuhl für Wirtschafts- und Sozialgeographie der Universität Nürnberg
S. 162: Gerhard Mester
S. 166: Weltbank
S. 167: Nach Globus Infografik
S. 168: Dritte-Welt-Haus Bielefeld 1992, S. 116
S. 172: Uwe Andersen
S. 178, 179: Nach Weltbank, Weltentwicklungsbericht 1991, S. XII
S. 180: Wilfried Büttner

Wir danken allen Rechteinhabern für die Abdruckerlaubnis.
Der Verlag hat sich bemüht, die Urheber der abgedruckten Bilder und Texte ausfindig zu machen. Wo dies nicht gelungen ist, bitten wir diese, sich ggf. an den Verlag zu wenden.

Ihre Meinung ist uns wichtig!

Ihre Anregungen sind uns immer willkommen.
Bitte informieren Sie uns mit diesem Schein über Ihre Verbesserungsvorschläge!

Titel-Nr.	Seite	Fehler, Vorschlag

Bitte hier abtrennen

Zutreffendes bitte ankreuzen!

Die Absenderin/der Absender ist:

- ☐ Lehrer/in
- ☐ Fachbetreuer/in
  Fächer: ______
- ☐ Seminarlehrer/in
  Fächer: ______
- ☐ Regierungsfachberater/in
  Fächer: ______
- ☐ Oberstufenbetreuer/in
- ☐ Schulleiter/in
- ☐ Leiter/in Lehrerbibliothek
- ☐ Leiter/in Schülerbibliothek
- ☐ Referendar/in, Termin 2. Staatsexamen: ______
- ☐ Sekretariat
- ☐ Schüler/in, Klasse: ______
- ☐ Eltern
- ☐ Sonstiges: ______

Unterrichtsfächer: (Bei Lehrkräften!)

STARK Verlag
Postfach 1852
85318 Freising

9-V1T

Bitte ausfüllen und im frankierten Umschlag an uns einsenden. Für Fensterkuverts geeignet.

Kennen Sie Ihre Kundennummer?
Bitte hier eintragen.

Absender (Bitte in Druckbuchstaben!)

Name/Vorname

Straße/Nr.

PLZ/Ort

Telefon privat

Geburtsjahr

Schule/Schulstempel (Bitte immer angeben!)

Bitte hier abtrennen

Sicher durch das Abitur!

Den Ernstfall trainieren und souverän meistern mit maßgeschneiderter Abiturvorbereitung: konzentriertes Faktenwissen, Übungsaufgaben und schülergerechte Lösungen. Ideal zum selbstständigen Üben zu Hause. Da erfahren Schülerinnen und Schüler, worauf es wirklich ankommt, und erhalten Sicherheit für alle Prüfungen durch dauerhaften Lernerfolg.

Mathematik

Analysis – LK	Best.-Nr. 94002
Analysis – gk	Best.-Nr. 94001
Analytische Geometrie und lineare Algebra 1 – gk/LK	Best.-Nr. 94005
Analytische Geometrie und lineare Algebra 2 – gk/LK	Best.-Nr. 54008
Stochastik – LK	Best.-Nr. 94003
Stochastik – gk	Best.-Nr. 94007
Mathematik Aufgaben Analysis – gk	Best.-Nr. 40011
Integralrechnung – gk	Best.-Nr. 40015
Exponential-/Logarithmusfunktionen, gebrochenrationale Funktionen – gk	Best.-Nr. 40016
Mathematik Aufgaben Wahrscheinlichkeitsrechnung und Statistik – gk	Best.-Nr. 40051
Wahrscheinlichkeitsrechnung und Statistik – gk	Best.-Nr. 40055
Mathematik Aufgaben Analytische Geometrie – gk	Best.-Nr. 40071
Analytische Geometrie – gk	Best.-Nr. 40075
Infinitesimalrechnung 1/11. Klasse	Best.-Nr. 94006
Infinitesimalrechnung 2/11. Klasse	Best.-Nr. 94008
Wiederholung Algebra	Best.-Nr. 92402
Übungsaufgaben Analysis 1 – Sek. II	Best.-Nr. 92403
Übungsaufgaben Analysis 2 – Sek. II	Best.-Nr. 92404
Übungsaufgaben Analytische Geometrie – Sek. II	Best.-Nr. 92405

Physik

Elektromagnetische Schwingungen und Wellen – LK	Best.-Nr. 94309
Elektrisches und magnetisches Feld – LK	Best.-Nr. 94308
Kernphysik – LK	Best.-Nr. 94305
Wellen- und Teilchenaspekt von Licht und Materie – LK	Best.-Nr. 94303
Atommodelle – LK	Best.-Nr. 94304
Physik 1 – gk	Best.-Nr. 94321
Physik 2 – gk	Best.-Nr. 94322
Physik 11. Klasse	Best.-Nr. 94307
Physik 1 – FOS	Best.-Nr. 92436
Physik 2 – FOS	Best.-Nr. 92437
Physik 11. Klasse – FOS	Best.-Nr. 92438
Physikalisches Praktikum – FOS	Best.-Nr. 92435

Chemie

NEU: Rechnen in der Chemie	Best.-Nr. 84735
Chemie 1 – LK	Best.-Nr. 94731
Chemie 2 – LK	Best.-Nr. 94732
Chemie 1 – gk	Best.-Nr. 94741
Chemie 2 – gk	Best.-Nr. 94742
NEU: Abitur-Wissen Stoffklassen organischer Verbindungen	Best.-Nr. 947304
NEU: Abitur-Wissen Chemie der Biomoleküle	Best.-Nr. 947305

Biologie

Biologie 1 – LK	Best.-Nr. 94701
Biologie 2 – LK	Best.-Nr. 94702
Biologie 1 – gk	Best.-Nr. 94715
Biologie 2 – gk	Best.-Nr. 94716
Chemie für den Leistungskurs Biologie	Best.-Nr. 54705
NEU: Abitur-Wissen Genetik	Best.-Nr. 94703
NEU: Abitur-Wissen Neurobiologie	Best.-Nr. 94705
NEU: Abitur-Wissen Ethologie	Best.-Nr. 94706
NEU: Abitur-Wissen Evolution	Best.-Nr. 94707
NEU: Abitur-Wissen Ökologie	Best.-Nr. 94708

Kunst

Grundwissen Malerei – LK	Best.-Nr. 94961
Analyse und Interpretation – LK	Best.-Nr. 94962

Sport

Sport Bewegungslehre – LK	Best.-Nr. 94981
Sport Trainingslehre – LK	Best.-Nr. 94982

Pädagogik/Psychologie

Grundwissen Pädagogik	Best.Nr. 92480
Grundwissen Psychologie	Best.-Nr. 92481

(Bitte blättern Sie um)